服装高等教育"十二五"部委级规划教材（本科）

服装电脑绘画教程

江汝南　编著

中国纺织出版社

内 容 提 要

本书是服装高等教育"十二五"部委级规划教材,以突出知识点的转化,强调实用技术为编写特色,从服装设计师岗位能力及素质要求的视角出发,按照服装企业设计师应具备的职业素质要求编排课程内容,由浅入深,并针对每个应用软件进行不同的"专业案例"示范教学。本书分步介绍CorelDRAW X5、Illustrator CS5、Photoshop三种常用软件在服装设计行业中的具体使用方法和表现技巧以及三种软件相互配合使用的表现形式。具体内容包括CorelDRAW X5软件的服装平面款式图设计、服饰图案设计、服装面料设计、服装插画设计;Illustrator软件的服装款式造型设计、服装上色与填充、服装辅料设计、服装图案色板库创建;Photoshop软件的服饰配件设计、服装效果图处理以及CorelDRAW X5、Illustrator CS5、Photoshop综合应用实例等。

本书既可作为高等院校服装设计专业学生的教材,也可作为服装设计专业人员参考用书。

图书在版编目(CIP)数据

服装电脑绘画教程／江汝南编著. —北京:中国纺织出版社,2013.4(2015.9重印)

服装高等教育"十二五"部委级规划教材. 本科

ISBN 978-7-5064-9599-8

Ⅰ. ①服… Ⅱ. ①江… Ⅲ. ①服装—绘画—计算机辅助设计—高等学校—教材 Ⅳ. ① TS941.28-39

中国版本图书馆 CIP 数据核字(2013)第 037108 号

策划编辑:张晓芳 杨 旭 责任编辑:魏 萌 特约编辑:李春香
责任校对:王花妮 责任设计:何 建 责任印制:何 艳

中国纺织出版社出版发行
地址:北京市朝阳区百子湾东里A407号楼 邮政编码:100124
销售电话:010 — 67004422 传真:010 — 87155801
http://www.c-textilep.com
E-mail:faxing@c-textilep.com
中国纺织出版社天猫旗舰店
北京通天印刷有限责任公司印刷 各地新华书店经销
2013年4月第1版 2015年9月第3次印刷
开本:787×1092 1/16 印张:21.75
字数:310千字 定价:49.80元(附光盘1张)

出版者的话

《国家中长期教育改革和发展规划纲要》中提出"全面提高高等教育质量","提高人才培养质量"。教育部教高[2007]1号文件"关于实施高等学校本科教学质量与教学改革工程的意见"中,明确了"继续推进国家精品课程建设","积极推进网络教育资源开发和共享平台建设,建设面向全国高校的精品课程和立体化教材的数字化资源中心",对高等教育教材的质量和立体化模式都提出了更高、更具体的要求。

"着力培养信念执著、品德优良、知识丰富、本领过硬的高素质专业人才和拔尖创新人才",已成为当今本科教育的主题。教材建设作为教学的重要组成部分,如何适应新形势下我国教学改革要求,配合教育部"卓越工程师教育培养计划"的实施,满足应用型人才培养的需要,在人才培养中发挥作用,成为院校和出版人共同努力的目标。中国纺织服装教育学会协同中国纺织出版社,认真组织制订"十二五"部委级教材规划,组织专家对各院校上报的"十二五"规划教材选题进行认真评选,力求使教材出版与教学改革和课程建设发展相适应,充分体现教材的适用性、科学性、系统性和新颖性,使教材内容具有以下三个特点:

(1) 围绕一个核心——育人目标。根据教育规律和课程设置特点,从提高学生分析问题、解决问题的能力入手,教材附有课程设置指导,并于章首介绍本章知识点、重点、难点及专业技能,增加相关学科的最新研究理论、研究热点或历史背景,章后附形式多样的思考题等,提高教材的可读性,增加学生学习兴趣和自学能力,提升学生科技素养和人文素养。

(2) 突出一个环节——实践环节。教材出版突出应用性学科的特点,注重理论与生产实践的结合,有针对性地设置教材内容,增加实践、实验内容,并通过多媒体等形式,直观反映生产实践的最新成果。

(3) 实现一个立体——开发立体化教材体系。充分利用现代教育技术手段,构建数字教育资源平台,开发教学课件、音像制品、素材库、试题库等多种立体化的配套教材,以直观的形式和丰富的表达充分展现教学内容。

教材出版是教育发展中的重要组成部分,为出版高质量的教材,出版社严格甄选作者,组织专家评审,并对出版全过程进行跟踪,及时了解教材编写进度、编写质量,力求做到作者权威、编辑专业、审读严格、精品出版。我们愿与院校一起,共同探讨、完善教材出版,不断推出精品教材,以适应我国高等教育的发展要求。

中国纺织出版社
教材出版中心

前言

随着计算机软硬件技术日新月异的发展，服装绘画已由传统的手工绘制逐渐转变成现代电脑绘图，借助电脑及应用软件进行服装款式、图案、面料的设计与绘制。利用相关绘图软件，设计师不仅能够制作出具有手绘效果的各种服装款式、服装图案和服装效果图，还可以绘出手工绘画难以表达的各种视觉效果、面料肌理。同时，绘图软件具备的强大编辑功能不仅将设计师从传统手工绘画的重复劳动中解放出来，还可以对设计图稿快速便捷地进行编辑、修改、变化、填充、渲染等各种处理工作，可以高效率地完成各种类型的服装设计。正是因为绘图软件的这些优点，现代服装企业已经广泛地采用电脑绘图进行产品设计，精通电脑绘画已成为服装设计师必不可少的一项基本技能。

服装高等院校承担着为服装企业培养人才的任务，因此在制订人才培养计划的时候就应该将企业对服装设计人才的素质、技能要求作为培养的目标。其教学课程的设置、教学内容的选取、教学方法的改进都应该围绕培养目标进行。《服装电脑绘画教程》便是根据社会、企业以及市场需求应运而生。本教材对于培养适应社会需求的服装企业设计师具有非常重要的意义。首先，可以满足学生向企业设计师角色的转换；其次，服装电脑绘画课程是服装设计专业的骨干课程，可以为后续服装专业课程的学习提供帮助，借助电脑绘画可以缩短作业时间，提高学习效率；最后，各种电脑绘画软件具有丰富的表现力，可以为培养学生的开放性思维提供创作平台。

目前，服装企业常用的绘图软件有CorelDRAW X5、Illustrator、Photoshop，因此，"服装电脑绘画"课程内容包含了这三个部分。但是，目前市场能购买到的相关图书资料只能满足该课程教学内容的某一部分，而不能满足本科教学中该门课程对三个绘图软件综合学习与掌握的需求。本教材正是基于以上需求，将CorelDRAW X5、Illustrator、Photoshop三个绘图软件与服装绘画紧密联系，全书共14章，从"培养企业型服装设计师"的专业要求出发，分别介绍三个软件在服装绘画方面的技巧。教材内容丰富、深度广度适宜，在注重训练艺术审美的同时，强调实用技术和技能的转换，以及与就业工作岗位的无缝对接。全书实例操作除了文字讲解外，还配备详细的图片，标注清晰明确，操作性强，案例丰富，专业技术全面实用。教材配备光盘，使学习变得轻松方便。

在教材的编写过程中，得到了中国纺织出版社的大力支持与帮助，本书内容参考了以下读物与网站：Adobe公司的《Illustrator CS5使用手册》和《Photoshop CS5使用手册》、CorelDRAW官方网站：http://www.coreldraw.com.cn/，张勇、冯嘉慧、陈浪等同志为本书提供了作品支持，在此一并致谢。

由于作者水平有限，书中难免有不足和疏漏之处，敬请专家和读者批评指正。

编著者
2012年10月

教学内容及课时安排

章/课时	课程性质/课时	节	课程内容
第一章 （8课时）	基础理论 （8课时）		• CorelDRAW X5基本操作
		一	基本操作
		二	服装绘图常用工具与操作
第二章 （6课时）	应用理论与训练 （24课时）		• 服装平面款式图绘制实例
		一	服装零部件
		二	男装款式图绘制
		三	女装款式图绘制
第三章 （6课时）			• 服饰图案绘制实例
		一	独立服饰图案
		二	二方连续图案
		三	四方连续图案
第四章 （6课时）			• 服装面料绘制实例
		一	机织面料
		二	棒针编织及针织面料
第五章 （6课时）			• 服装插画设计
		一	专用色盘的建立
		二	头像插画绘制
		三	服装插画绘制
第六章 （8课时）	基础理论 （8课时）		• Illustrator CS5基本操作
		一	基本形状绘图工具
		二	铅笔、钢笔工具
		三	选择和排列对象
		四	改变对象形状
第七章 （6课时）	应用理论与训练 （24课时）		• 服装款式造型设计
		一	服装款式图绘制
		二	对jpg手稿图的处理
第八章 （6课时）			• 服装的上色与填充
		一	服装的单色填充
		二	服装的实时上色
		三	服装的透明度、渐变、网格填充
		四	服装的图案填充

章/课时	课程性质/课时	节	课程内容
第九章 （6课时）	应用理论与训练 （24课时）		• 服装辅料设计
		一	拉链绘制实例
		二	循环珠片绘制实例
		三	花边绘制实例
第十章 （6课时）			• 创建常用服装图案色板
		一	打开与编辑色板库
		二	创建印花图案新色板
		三	创建棒针及机织格纹图案新色板
第十一章 （8课时）	基础理论 （8课时）		• Photoshop CS5基本操作
		一	基础知识
		二	服装绘图常用工具介绍
		三	关于颜色
		四	关于绘图
		五	关于滤镜
第十二章 （6课时）	应用理论与训练 （18课时）		• 服饰配件的设计
		一	头饰
		二	包袋
		三	鞋子
第十三章 （6课时）			• 服装效果图处理
		一	服装jpg款式图处理
		二	服装款式图的绘制与上色处理
		三	印花材质服装效果图处理
第十四章 （6课时）			• CorelDRAW X5、Illustrator、Photoshop综合应用实例
		一	Photoshop和CorelDRAW X5软件处理服装效果图
		二	Photoshop和Illustrator软件处理仕女图

注　各院校可根据自身的教学特点和教学计划对课程时数进行调整。

目录

基础理论——

第一章　CorelDRAW X5 基本操作

课题名称： CorelDRAW X5基本操作

课题内容： 线条及基本形状工具

改变对象造型

文本编辑

对象处理与对象填充

交互式调和工具组

修整工具

课题时间： 8课时

教学目的： 让学生了解CorelDRAW X5软件的功能及应用范围，掌握该软件的基本操作方法和服装绘图的常用工具。软件基本工具操作的熟练与否将会直接影响服装绘图的速度及效果。

教学方式： 教师演示及课堂训练。

教学要求： 1．让学生了解CorelDRAW X5软件的功能及应用范围。

2．掌握CorelDRAW X5软件的基本操作方法和技巧。

3．重点掌握改变对象造型、对象处理和对象填充、交互式调和工具组及修整工具的操作方法与技巧。

课前准备： 软件的安装与正常运行。要求学生具备一定的服装绘图与设计能力。

第一章　CorelDRAW X5 基本操作

　　矢量图，也称为面向对象的图像或绘图图像，在数学上定义为一系列由线连接的点。其最大的优点是在无限放大或缩小的时候，不会出现马赛克，不足之处是其色彩不如真彩色，也就是不如位图绚丽、逼真。CorelDRAW X5 是一个功能强大的矢量图绘制软件。它有着其他平面设计软件无法替代的功能，特点主要集中在图形绘制、图形处理及图形的修整功能上。利用形状、变换、对齐、分布、填充、调和等功能可以对服装矢量图作品进行处理、修改与加工。另外，其基本图形、预设形状艺术笔、铅笔、钢笔、贝塞尔等工具可以精确绘制服装矢量款式图。因此，CorelDRAW X5 软件非常适合服装平面款式图、服装图案、服装面料以及服装插画的设计与绘制。

第一节　基本操作

一、文件的导入和导出

　　由于 CorelDRAW X5 是矢量图形绘制软件，使用的是 .cdr 后缀名格式的文件，在进行制作或编辑时，如果要使用其他格式的素材就要通过"导入"命令来完成，而"导出"命令则可以将完成的 .cdr 格式文件转换成适合其他软件应用的格式文件。

（一）文件导入（【Ctrl+I】）

　　说明：通常导入的是位图素材图片。

　　步骤：

　　1. 执行菜单【文件 / 导入】或快捷键【Ctrl+I】。

　　2. 弹出【导入】文件存储位置对话框（图 1-1-1），找到文件后，选择【裁剪】，点击【导入】按钮。

　　3. 弹出【裁剪图像】对话框（图 1-1-2），可以执行下列操作。

◆ 在预览窗口中，拖动修剪选取框中的控制点。

◆ 需要精确的修剪，可以在【选择要裁剪的区域】选项框中输入数值。

◆ 默认情况下，是以"像素"为单位。可以在【单位】列选框中选择其他单位。

◆ 如果对修剪后的区域不满意，可以单击【全选】按钮，重新设置修剪选项值。

◆ 在对话框下面的【新图像大小】栏中显示了修剪后新图像的文件尺寸大小。

4. 设置完成后，单击【确定】按钮。

5. 页面中，此时鼠标会变成一个标尺，拖动鼠标，即可将导入的图像按鼠标拖出的尺寸导入页面中（图 1-1-3）。

图1-1-1　导入文件

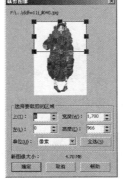
图1-1-2　裁剪图像

图1-1-3　文件导入

（二）文件导出（【Ctrl+E】）

说明：导出是把 CorelDRAW X5 中的图形文件转换成 TIF、jpg、BMP 等其他格式文件，让其他程序也可以使用 CorelDRAW X5 绘制的图形。例如，将 CorelDRAW X5 中的图形输出到 Photoshop 中的 "EPS" 法。

步骤：

1. 在 CorelDRAW X5 页面中选定要导出的对象（图 1-1-4）。

2. 执行菜单【文件 / 导出】或快捷键【Ctrl+E】。弹出【导出】对话框（图 1-1-5），在【保存类型】列选框中选择【EPS】，点击【确定】按钮。

图1-1-4　选中对象

图1-1-5　【导出】对话框

3. 启动 Photoshop，新建文件。执行菜单【文件 / 置入】命令，弹出【置入】对话框，找到文件后，点击对话框中的【置入】按钮。此时页面中出现带有图像框的新图档，拉动图像框改变其大小，配合【Shift】键可约束图像的长宽比例（图 1-1-6）。

4. 双击图框，图像即被置入 Photoshop 中（图 1-1-7）。

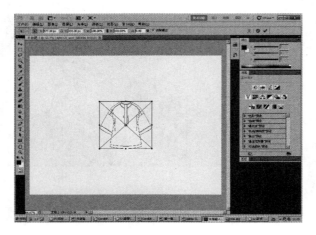

图1-1-6　置入对象

图1-1-7　调整对象

二、版面操作

（一）页面设置

说明：可以对页面的大小、方向、背景及多页面进行设置，以满足不同的需求。

步骤：

1. 通过属性栏的【纸张类型 / 大小】和点击【纵向】、【横向】 按钮可以调节页面的大小及方向。

2. 执行菜单【版面 / 插入页、删除页及重命名页面】命令，可以插入和删除页面以及修改页面名称。

3. 或点击导航器上【插入页】 按钮，进行插页。

4. 或在页面下方按钮上单击鼠标右键，弹出页面子菜单（图 1-1-8），也可以插入和删除页面。

5. 执行菜单【版面 / 页面背景】，可以修改背景色。

（二）辅助设置

说明：辅助设置主要是对【标尺】、【辅助线】、【网格】等工具的设置。

步骤：

1. 执行菜单【视图 / 标尺、网格、辅助线】等命令，可以对其进行隐藏或显示。

2. 执行菜单【工具 / 选项】命令,在弹出的【选项】对话框中(图 1-1-9),可以对标尺、网格、辅助线进行设置。

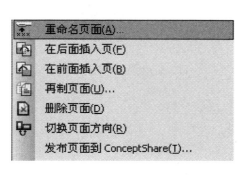

图1-1-8 页面子菜单

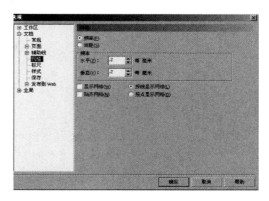

图1-1-9 【选项】对话框

三、线条工具

(一) 【手绘】工具 (【F5】)

说明 :【手绘】工具就像一支真正的铅笔,可以绘制直线或曲线。

步骤 :

方式一 : 绘制曲线

1. 选择【手绘】工具,在绘图页面中光标变成 图标后,单击鼠标右键并拖动鼠标,绘制出线条(图 1-1-10)。

2. 封闭路径。按住鼠标左键不放,绘制路径,当光标靠近路径起点时会变成 图标,释放鼠标,路径将自动封闭。

3. 或将鼠标放置在路径的任意一个端点上,当光标变成 图标时,再绘制线条到路径另一个端点,也可封闭图形。

4.【手绘】工具绘制路径后,或点击上方属性栏中【自动闭合曲线】按钮 ,封闭路径(图 1-1-11)。

5. 擦除路径。【手绘】工具在绘制路径的过程中,同时按住鼠标左键和【Shift】键,然后沿着要擦除的路径向后拖动鼠标即可擦除路径。擦除完毕后释放【Shift】键而不松开鼠标,可以沿路径继续绘制。

特性 : 只有在封闭状态下的线条才可以填充颜色。敞开的路径不可以填充颜色。

方式二 : 绘制直线

1. 使用【手绘】工具,在页面中单击鼠标右键确定出发点,拖动鼠标(拖动鼠标的距离决定了直线的长短)再次单击鼠标右键确定结束点。

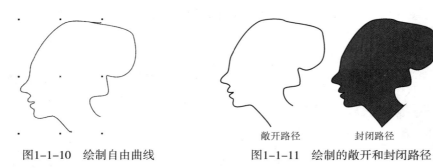

图1-1-10　绘制自由曲线　　　　图1-1-11　绘制的敞开和封闭路径

敞开路径　　　封闭路径

2. 配合【Ctrl】键，可强制直线以 15° 的角度增量变化。

3. 若需绘制直线与曲线相连的路径，在曲线尾部端点快速双击鼠标，即可连续绘制直线。

（二）🖊【贝塞尔】工具

说明：【贝塞尔】工具是创建图形最常用的工具，可以绘制连续的直线、斜线、曲线和复杂图形的路径（图 1-1-12）。

步骤：

1. 按住【Ctrl】键绘制水平、垂直或呈 45° 角的线段。

2. 在页面中任意位置单击鼠标左键找到出发点，鼠标移至第二点再单击，移至第三点再次单击，反复操作可以绘制连续的直线。

3. 在页面中任意位置单击鼠标左键找到出发点，鼠标移至第二点，按住鼠标左键不松手，拖动随即出现的手柄，可以绘制任意曲线（图 1-1-13）。

4. 按下【Enter】键，结束【贝塞尔】工具操作。

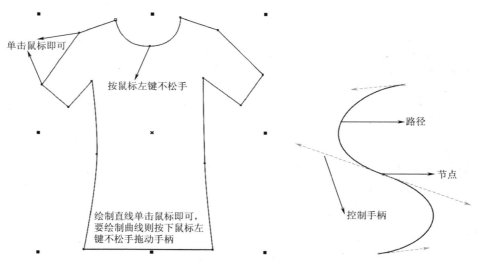

图1-1-12　【贝塞尔】绘制的复杂路径　　　图1-1-13　【贝塞尔】绘制的路径

（三）✎【艺术笔】工具

说明:【艺术笔】工具可以产生独特的艺术效果,提供了五种绘图模式。分别为【预设】、【笔刷】、【喷罐】、【书法】和【压力】模式（图1-1-14）。

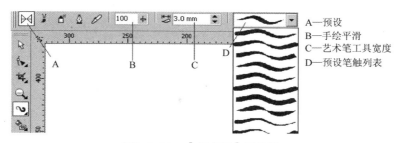

A—预设
B—手绘平滑
C—艺术笔工具宽度
D—预设笔触列表

图1-1-14 【艺术笔】属性栏

步骤：

方式一：预设模式

1．选中对象。

2．属性栏中单击【预设】按钮,在【笔触列表】框中选择预设线条的形状。

3．在【手绘平滑】数值框中设定曲线的平滑度为"100",在【艺术笔工具宽度】框中输入宽度数值为"3.5mm"（图1-1-15）。

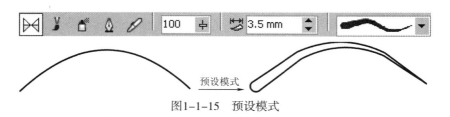

预设模式

图1-1-15 预设模式

方式二：笔刷模式

1．选中对象。

2．单击属性栏中【笔刷】按钮,在【笔触列表】框中选择笔触的形状。

3．在【手绘平滑】数值框中设定曲线的平滑度为"100",在【艺术笔工具宽度】框中输入宽度数值为"5.5mm"（图1-1-16）。

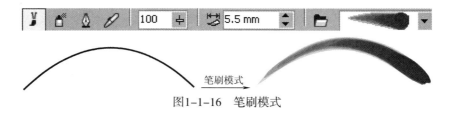

笔刷模式

图1-1-16 笔刷模式

方式三：喷灌模式

1. 选中对象。

2. 单击属性栏中【喷灌】按钮，在【喷涂列表】框中选择喷涂的形状。

3. 在【手绘平滑】数值框中设定曲线的平滑度为"100"，在【喷涂的对象大小】框中输入"20"，设定【选择喷涂顺序】为"随机"（图1-1-17）。

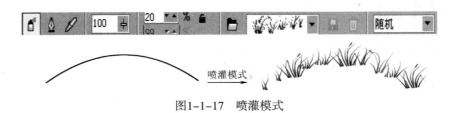

图1-1-17 喷灌模式

方式四：书法模式

1. 选中对象。

2. 单击属性栏中【书法】按钮。

3. 在【手绘平滑】数值框中设定曲线的平滑度为"100"，在【艺术笔宽度】框中输入"3.5mm"，在【书法角度】输入"5.0"（图1-1-18）。

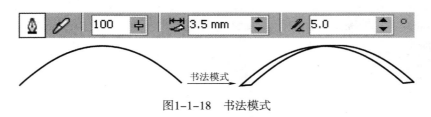

图1-1-18 书法模式

方式五：压力模式

1. 选中对象。

2. 单击属性栏中【压力】按钮。

3. 在【手绘平滑】数值框中设定曲线的平滑度为"100"，在【艺术笔宽度】框中输入"4.5mm"（图1-1-19）。

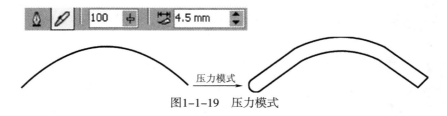

图1-1-19 压力模式

（四）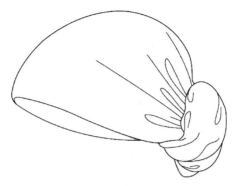【钢笔】工具

说明：【钢笔】工具与【贝塞尔】工具功能相似，可以绘制连续的直线、斜线、曲线和复杂图形的路径（图 1-1-20）。

图1-1-20　【钢笔】工具绘制的复杂路径

步骤：

1. 按住【Shift】键绘制水平、垂直或呈 45° 角的线段。

2. 点击属性栏中【预览模式】和【自动添加 / 删除】 按钮为启用状态。

3. 在页面中任意位置单击鼠标左键找到出发点，鼠标移至第二点再单击，移至第三点再次单击，反复操作可以绘制连续的直线。

4. 在页面中任意位置单击鼠标左键找到出发点，鼠标移至第二点，按住鼠标左键不松手拖动随即出现的手柄，可以绘制任意曲线。

5. 在结束点上双击或按下【Enter】键，结束【钢笔】工具操作。

（五）【折线】工具

说明：绘制连续的直线和曲线。

步骤：

1. 按住【Shift】键绘制水平、垂直或呈 45° 角的线段。

2. 在页面中任意位置单击鼠标左键找到出发点，鼠标移至第二点再单击，移至第三点再次单击，重复操作可以绘制连续的折线。

3. 按住鼠标左键不松手在页面中拖动，可以绘制任意曲线（相当于【手绘】工具）。

4. 在结束点上双击或按下【Enter】键，结束【折线】工具操作。

（六）【3 点曲线】工具

说明：与【3 点矩形】工具相似，但创建的是敞开的曲线对象。

步骤：

1. 选择【3点曲线】工具。

2. 在页面中任意位置按下鼠标左键不松手并拖动，拉出一条直线，在目标点释放鼠标左键，从而确定曲线出发点到结束点之间的距离。

3. 释放鼠标左键后，在移动的过程中有一条弧线随着鼠标的移动而显示不同的弧度，在需要的位置单击，即可得到一条敞开的非闭合弧线。

（七）线条轮廓的设置（【F12】）

说明：对线条颜色、粗细、虚实线、箭头等进行修改。

步骤：

1. 选中对象。

2. 点击工具箱【轮廓】按钮 ，打开【轮廓笔】，弹出【轮廓笔】对话框（图1-1-21）。

3. 在对话框中，可以对轮廓的颜色、宽度、样式进行设置。选中【按图像比例显示】后，当对象放大或缩小时，将会保持显示的比例。

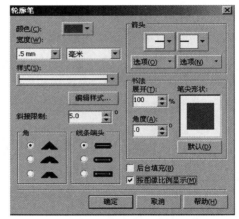

图1-1-21 【轮廓笔】对话框

四、基本形状工具

（一） 【智能绘图】工具（【Shift+S】）

说明：拖动鼠标绘制初形，它会进行智能平滑和识别。

步骤：

1. 选中【智能绘图】工具，此时鼠标变成"笔形"光标。

2. 随意绘制一个图形，即被识别成与之相近的几何图形（图1-1-22）。

3. 双击工具箱中的【智能绘图】工具按钮，在弹出的对话框中调节【绘图协助延迟时间】。

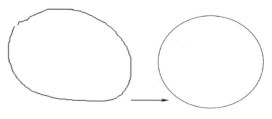

图1-1-22　智能绘图

（二）□【矩形】工具（【F6】）

说明：绘制正方形和矩形。

步骤：

1．选中【矩形】工具，在页面上拖动，得到一个矩形。

2．在属性栏中输入目标数值，可以绘制精确的正方形和矩形。

3．按住【Ctrl】键，拖动绘制正方形。

4．按住快捷键【Ctrl+Shift】，绘制从中央往外的正方形。

（三）□【3点矩形】工具

说明：通过三个点来绘制矩形。

步骤：

1．选中【3点矩形】工具，单击鼠标左键之后，按住鼠标左键不松手，先拖出一个框。

2．释放鼠标左键后再向上移动鼠标，拖出一个高。

3．然后再次单击鼠标左键，矩形绘制完毕。

4．按住【Ctrl】键单击一点之后，拖动到另一点，松开鼠标左键单击，绘制正方形。

（四）□【椭圆】工具（【F7】）

说明：绘制椭圆、正圆、饼形和弧形。

步骤：

1．选中【椭圆】工具，在页面上拖动，得到一个椭圆。

2．按住【Ctrl】键，拖动绘制正圆。

3．点击属性栏中【饼形】按钮 □，设置参数，则可以绘制扇形。

4．按住快捷键【Ctrl+Shift】，绘制从中央往外的正圆。

（五）□【多边形】工具（【Y】）

说明：绘制多边形。

步骤：

1．选中【多边形】工具。

2. 在属性栏的【边数】中输入不小于 3 的数值 ⬠ 8 ⬍。

3. 在页面中拖出多边形。

4. 按住【Ctrl】键绘制正多边形。

5. 按住快捷键【Ctrl+Shift】，绘制从中央往外的正多边形。

（六）☆【星形】工具

说明：绘制星形。

步骤：方法同【多边形】工具。

（七）⚙【复杂星形】工具

说明：绘制复杂星形。

步骤：方法同【多边形】工具。

（八）▦【图纸】工具（【D】）

说明：绘制带格的图纸。

步骤：

1. 选中【图纸】工具。

2. 在属性工具栏中的【图纸行和列】中输入数值 ▦ 4 5 ⬍。

3. 在页面中拖出图纸。

4. 单击鼠标右键执行【取消群组】命令，图纸被打散。

（九）◉【螺纹】工具（【A】）

说明：绘制螺纹。

步骤：

1. 选中【螺纹】工具。

2. 在属性工具栏中的【螺纹回圈】中输入数值。

3. 在页面中拖出螺纹。

4. 按住【Ctrl】键绘制正螺纹。

5. 按住快捷键【Ctrl+Shift】，绘制从中央往外的正螺纹。

五、改变造型

（一）转换曲线

说明：转换曲线只是对基本形状而言，如矩形、圆形和多边形。如果是用【钢笔】或【铅笔】工具绘制的图形，其本身就是曲线的编辑，所以不需要"转换为曲线"处理。

步骤：

1．绘制一个矩形，点击工具箱中【形状】工具 按钮，此时矩形出现四个角点，拖动其中的一个角点，其他三个角点也随着变化，使原来的矩形变成椭圆形或者圆形（图1-1-23）。

2．另外一种情况是：当单击其中的一个角点，其他三个角点消失，此时拖动角点就只有一个角会发生变化，其他三个角则保持不变（图1-1-24）。

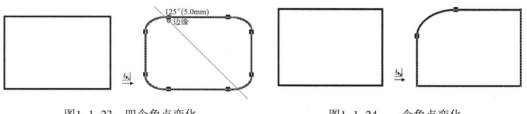

图1-1-23　四个角点变化　　　　图1-1-24　一个角点变化

3．将基本形状转换成曲线的操作。首先选中对象，执行菜单【排列／转换为曲线】命令，或者单击鼠标右键执行【转换为曲线】命令，或者点击属性工具栏中的【转换为曲线】 图标。只有对基本形状进行【转换为曲线】命令之后，才可以对其进行任意的变形处理（图1-1-25）。

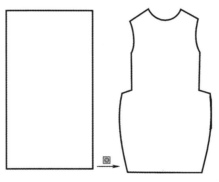

图1-1-25　【形状】工具的变形处理

（二）选择节点

说明：节点是控制一个线段的两个点。

步骤：

1．选择一个节点。选中对象，然后点击【形状】工具 按钮，单击目标节点，则节点被选中并可以进行编辑。

2．按住【Shift】键，逐一单击节点，可以选中多个节点，也可以逐一取消节点的选择。

3．执行菜单【编辑／全选】命令，选择全部节点。

4. 单击页面空白处，取消节点选择。

（三）添加、删除节点

说明：添加或者删除节点。

步骤：

1. 单击【形状】工具 按钮，双击目标添加节点的线段，则添加一个节点。
2. 双击节点，则可以删除该节点。
3. 或者选中节点后，鼠标右键单击执行【添加和删除】命令。

（四） 连接节点

说明：将分开的节点进行连接。

步骤：

1. 选择【形状】工具 ，框选两个分开的节点，然后点击属性栏中【连接两个节点】 图标。

2. 或者点击属性栏中【延长曲线使之封闭】 图标（延长曲线使之封闭是指将所选的两个节点经过延长，连接到一起）。

3. 或者点击属性栏中【自动闭合曲线】 图标（自动闭合曲线是指对一个曲线初始点和结束点的闭合）。

4. 若两个节点不属于同一个对象，则无法进行以上操作。只有先将分开的对象执行【结合】命令到一个对象，方可进行以上操作。

（五）改变节点的类型

说明：将直线节点转换成曲线节点，也可以将曲线节点转换成直线节点。

步骤：

1. 选择【形状】工具 选中一个节点。
2. 点击属性栏上的【转换曲线为直线】 图标。
3. 或者点击【转换直线为曲线】 图标。
4. 或者单击鼠标右键，执行【到直线】或者【到曲线】命令。

（六） 断开节点

说明：将结点断开。

步骤：

1. 绘制一个封闭的矩形。
2. 使用【形状】工具 选中封闭矩形，单击右键执行【转换为曲线】命令。
3. 选中一个节点，然后点击属性栏中【断开节点】 图标（图 1-1-26）。

图1-1-26　断开节点

4．图形只有处于曲线编辑状态下，才可以进行节点的连接或断开操作。

（七） 涂抹笔刷

说明：可以在矢量图形对象（包括边缘和内部）上任意涂抹，以达到变形的目的。

步骤：

1．选中目标涂抹对象。

2．选择工具箱中【涂抹笔刷】工具 。此时光标变成椭圆形状，拖动鼠标即可对目标对象进行涂抹。

3．可以对属性栏中的【笔尖的大小】、【在效果中添加水分浓度】、【斜移设置】进行调节设置（图 1-1-27）。

图1-1-27　属性设置

（八） 粗糙笔刷

说明：粗糙笔刷是一种多变的扭曲变形工具，它可以改变矢量图形对象中曲线的平滑度，从而产生粗糙的变形效果。

步骤：

1．选中目标粗糙对象。

2．选择工具箱中【粗糙笔刷】工具 。在矢量图形的轮廓线上拖动鼠标，即可将其曲线粗糙化。

3．属性栏中选项的设置与【涂抹笔刷】相同。

六、文本编辑（【F8】）

（一）美术字

说明：美术字实际上是指单个的文字对象。由于它是作为一个单独的图形对象来使用，因此可以使用各种处理图形的方法对它们进行编辑处理。

步骤：

1. 在工具箱中，选中【文本】工具 字 图标或按住快捷键【F8】。

2. 在绘图页面中适当位置单击鼠标，出现闪动的插入光标。

3. 通过键盘直接输入美术字。

4. 在属性栏可以方便地设置文本的相关属性。

（二）段落文本

说明：段落文本是建立在美术字模式基础上的大块区域的文本。

步骤：

1. 在工具箱中，选中【文本】工具 字 图标或按住快捷键【F8】。

2. 在绘图页面中适当位置按住鼠标左键后拖动，画出一个虚线矩形框和闪动的插入光标。

3. 在虚线框中可直接输入段落文本。

4. 对于在其他的文字处理软件中已经编辑好的文本，只需要将其复制到 Windows 的剪贴板中，然后在 CorelDRAW X5 的绘图页面中插入光标处或段落文本框内，按下【Ctrl+V】组合键（粘贴）即可复制文本。

5. 用于美术字编辑的许多选项都适用于段落文本的编辑，包括字体设置、应用粗斜体、排列对齐、添加下划线等。

（三）使文本适合路径

说明：编辑好的文字可以沿着任意路径排列。

步骤：

1. 绘制一个图形（可以是任意线条或形状）。

2. 选中文字。

3. 执行菜单【文本/使文本适合路径】命令，鼠标转换成黑色箭头，点击刚才绘制的路径即可，可以通过属性栏调整设置（图1-1-28）。

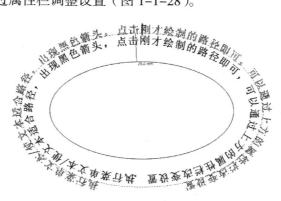

图1-1-28　文本适合路径

4. 单击鼠标右键，执行【转换为曲线】命令，选中路径后可以将其删除。

5. 或者执行【排列/拆分路径在文本】命令也可以删除路径。

第二节　服装绘图常用工具与操作

一、对象处理

所谓"对象处理"是指对所绘制的图形进行处理。例如，要改变图形的位置、大小，或者是和其他对象进行对齐等操作都属于它的处理范围。对象处理的操作必须在完成前面学习的基础上进行，因为没有绘制的对象，也就失去了处理目标。所以本节的学习思路是第一步：选中对象→第二步：找寻相应的命令→第三步：进行相应的操作。

（一）🔲 选择对象

说明：可以选择单个或多个对象。

步骤：

方式一：单选对象

1．单击工具箱中【挑选】工具 🔲 。

2．然后移动至所要选取的对象上单击。当周围出现八个小黑点的时候，说明该对象被选中（图1-2-1）。

3．取消对象的选择，在空白的地方单击鼠标左键就可以取消选择。

方式二：多选对象

1．框选方式。框选就是在页面中某处单击，按住鼠标左键同时拖动鼠标，出现一个虚线框，将目标选择对象框选到虚线框内，然后释放鼠标，框内完整的对象被选中（图1-2-2）。

2．按住【Shift】键，连续单击可以选择多个对象。反之，按住【Shift】键可以取消多个选择中的任意对象。

3．按住快捷键【Ctrl+A】全选对象。

4．按住【Alt】键，用框选方法，只要是虚线框所触及的对象都会被选中。

图1-2-1　单选对象　　　　　　　　　　图1-2-2　框选对象

（二）复制、再制、删除对象

说明：可以对任意对象进行复制、再制及删除。

步骤：

方式一：复制对象（【Ctrl+C】或者【+】）

1. 鼠标复制。选中对象，按住鼠标左键同时拖动鼠标，至目标位置之后不要释放左键，直接单击鼠标右键，对象被复制。

2. 命令复制。选中对象，按下快捷键【Ctrl+C】，或者执行【编辑/复制】命令。按下快捷键【Ctrl+V】或执行【编辑/粘贴】命令。

3. 快捷方式复制。选中对象后，按住键盘上的【+】键，然后移开对象。

方式二：再制对象（【Ctrl+D】）

1. 选中对象。

2. 按下【+】键，向右移动对象。

3. 多次按下快捷键【Ctrl+D】（图1-2-3），即可再制对象。

图1-2-3　再制对象

方式三：删除对象。

1. 选中对象。

2. 按下键盘上的【Delete】键，对象被删除。

（三）复制对象的属性、变换、效果到另一个对象

说明：可以快速地将一个对象的属性、变换及效果复制到另外的对象中。

步骤：

方式一：复制对象属性

1. 单击工具箱【滴管】工具 🖋。

2. 在属性栏中选择【对象属性】，勾选属性中的【轮廓】和【填充】，点击【确定】按钮（图1-2-4）。

3. 在页面中单击原始对象。然后选择【颜料桶】工具 🖸，此时鼠标变成颜料桶形状。

4. 在页面中单击目标对象，原始对象的属性被复制到目标对象中（图1-2-5）。

方式二：复制对象的变换，步骤同方式一。

方式三：复制对象的效果，步骤同方式一。

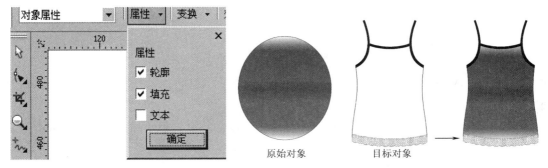

图1-2-4　【对象属性】设置　　　　　　　　图1-2-5　复制对象属性

（四）定位对象

说明：定位对象就是指改变对象的位置，也就是对象的移动。

步骤：

方式一：【挑选】工具

1. 单击【挑选】工具，选中对象。

2. 将其移至目标位置。

方法二：精确定位

1. 选中对象。

2. 在属性栏中设置【水平】、【垂直】数值。

方式三：微调

1. 选中对象。

2. 按键盘上的上 / 下 / 左 / 右方向键 ↑ ↓ ← → ，可以微调对象的位置。

方式四：菜单移动

1. 选中对象。

2. 执行菜单【排列 / 变换 / 位置】命令，设置【水平】、【垂直】数值（图 1-2-6）。

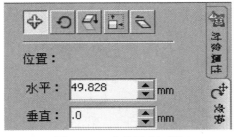

图1-2-6　【位置】面板

（五）分布和对齐

说明：分布是指对象之间的距离，对齐是指对象排列整齐。例如服装绘图中纽扣的分布与对齐、图案的分布与对齐等。

步骤：

1. 选中需要分布或对齐的所有对象。

2. 执行菜单【排列 / 对齐与分布】命令，弹出对话框（图 1-2-7）。垂直方向对齐有顶部对齐（上）、中部对齐（中）和底部对齐（下）三个选项，水平方向有左部对齐（左）、中部对齐（中）和右部对齐（右）三个选项。

3. 单击对话框中的【分布】按钮，垂直方向分布有上、中、间距和下四个选项，水平方向有左、中、间距和右四个选项（图 1-2-8）。

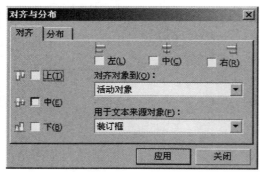
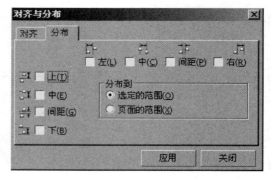

图1-2-7 【对齐】设置　　　　　　　　　图1-2-8 【分布】设置

（六）动态导线

说明：动态导线是指当移动对象的时候，希望有一条参考的线出现，这条线就称为动态导线。

步骤：

1. 执行菜单【视图 / 动态导线】命令，或按住快捷键【Alt+Shift+D】，打开导线（图 1-2-9）。

2. 执行菜单【工具 / 选项】命令，单击对话框中【工作区 / 动态导线】，在弹出的对话框中设置动态导线。

3. 再次执行菜单【视图 / 动态导线】命令，取消动态导线。

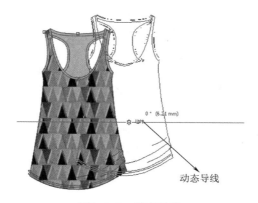

图1-2-9 动态导线

（七）改变对象的顺序

说明：软件默认的顺序是先画的部分在下面，后画的部分在上面。

步骤：

1. 选择一个对象。

2. 单击鼠标右键执行【顺序】，出现下拉菜单，选择合适命令，即可改变对象的顺序（图 1–2–10）。

3. 或者执行菜单【排列 / 顺序】，同样可以弹出下拉菜单。

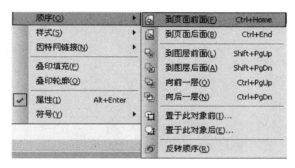

图1–2–10　【顺序】菜单

（八）改变对象的大小

说明：任意改变对象的大小。

步骤：

方式一：鼠标拖动

1. 单击【挑选】工具，选中对象。

2. 将鼠标放置在对象边缘任意小黑点上，拖动鼠标，即可改变对象大小。

3. 将鼠标放置在四个角点的时候，进行等比例缩放。按住【Shift】键则是从中心等比缩放。

方式二：精确缩放

1. 选中对象。

2. 在属性栏的【对象的大小】中输入数值，可以精确设置对象的大小，45.594 mm 78.146 mm。

方式三：比例缩放

1. 选中对象。

2. 执行菜单【排列 / 变换】命令，在变换面板中找到【缩放】，输入目标数值（图 1–2–11）。

（九）旋转和镜像对象

说明：旋转和镜像在服装绘图中的应用很广泛，要重点关注。

步骤：

方式一：旋转对象

1. 选中对象，再次单击对象，在周围出现旋转圈，按住旋转圈拖动鼠标即可进行旋转（图 1-2-12）。

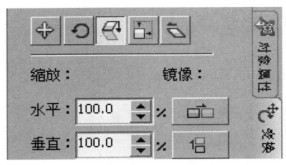

图1-2-11 【缩放】面板

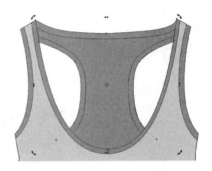

图1-2-12 旋转对象

2. 选中对象，在属性栏的【旋转角度】图标 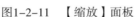 中输入数值。

3. 选中对象，执行菜单【排列 / 变换 / 旋转】命令，在对话框中输入数值。

方式二： 镜像对象

1. 选中对象。

2. 点击属性栏中的【水平镜像】或【垂直镜像】图标 ，即可镜像对象。

（十）群组对象（【Ctrl+G】）

说明：群组对象是把多个对象放到一起，组合成一个对象，便于进行统一操作，例如整体的放大、缩小、移动和复制等。

步骤：

1. 选中要群组的多个对象。

2. 群组按住快捷键【Ctrl+G】，或者执行菜单【排列 / 群组】命令，或者点击属性工具栏中的【群组】 图标。

3. 取消群组，按住快捷键【Ctrl+U】，或者点击属性工具栏中的【取消群组】图标 。

（十一）结合对象

说明：结合与群组是不同的，结合后的对象将失去原有对象的特征，而变成一个结合体。

步骤：

1. 选中要结合的对象。

2. 执行菜单【排列 / 结合】命令。

3. 或者点击属性栏中的【结合】图标 。

4. 或者单击鼠标右键，执行【结合】命令。

5. 单击鼠标右键执行【打散曲线】即可取消结合。

二、对象填充

色彩填充对于作品的表现非常重要，在 CorelDRAW X5 中，有均匀填充、渐变填充、图样填充、底纹填充和 PostScript 底纹填充。需要填充的对象必须是封闭的区域。

（一）均匀填充

说明：均匀填充是最普通的一种单色填充。

步骤：

1. 选中对象。

2. 在【调色板】栏任意颜色上点击鼠标左键，对象即被填充。单击调色板上的 ⊠ 图标，可以删除对象填充色。

3. 或者按下快捷键【Shift+F11】，弹出【均匀填充】对话框（图1-2-13），选中颜色后点击【确定】按钮。

4. 或者单击工具箱中【填充/均匀填充】，弹出【均匀填充】对话框，选中颜色后单击【确定】（图1-2-14）。

图1-2-13 【均匀填充】对话框

图1-2-14 均匀填充效果

5. 左键单击【调色板】的颜色按钮填充的是对象内部，右键单击颜色按钮则是填充对象的轮廓。

（二）渐变填充（【F11】）

说明：渐变填充包括线性、射线、圆锥、方角四种模式。

步骤：

1. 选中要填充的对象。点击工具箱中的【填充/渐变填充】（快捷键【F11】），弹出【渐变填充】对话框（图1-2-15）。

2. 有【双色】填充和【自定义】填充两种模式（图1-2-16、图1-2-17）。

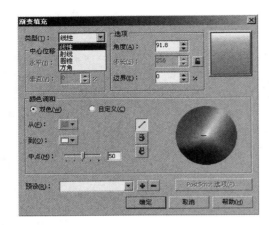

① 【角度】用于设置渐变填充的角度，其范围在0°~360°之间
② 【步长】值用于设置渐变的阶层数，默认设置为"256"，数值越大，渐变层次就越多，对渐变色的表现就越细腻
③ 【边界】用于设置边缘的宽度，其取值范围在"0~49"之间，数值越大，相邻颜色间的边缘就越窄，其颜色的变化就越明显
④ 【中心位移】可以调整射线、圆锥等渐变方式的填色中心点位置

图1-2-15 【渐变填充】设置

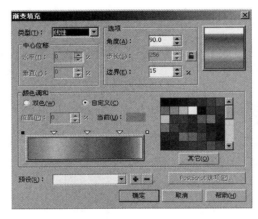

① "自定义填充"可以在渐变轴上双击鼠标左键增加颜色控制点，然后在右边的调色板中设置颜色
② 鼠标左键双击"颜色控制点"，可以删除颜色点
③ 也可以在【预设】下拉列表，选择任意式样，进行多色填充

图1-2-16 【渐变填充】自定义填充设置

双色填充

自定义填充

图1-2-17 渐变填充效果

（三）图样填充

说明：图样填充可以填 CorelDRAW X5 库中图样，也可以导入外部的图案进行填充。

步骤：

1. 选中目标填充的对象。

2. 选中工具箱【填充 / 图案填充】，弹出对话框（图 1–2–18）。

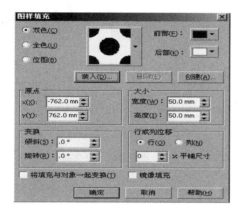

CorelDRAW X5为用户提供三种图案填充模式
①双色，默认的颜色为黑白色，通过替换【前部】和【后部】来修改颜色
②全色，不可以修改颜色
③位图，不可以修改颜色
④单击【装入】按钮，可以调用外部目标位图图片
⑤通过【大小】、【变换】、【行或列位移】可以编辑填充图案

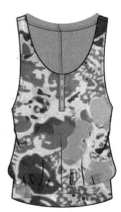

双色填充　　　　　全色填充　　　　　位图填充　　　　　装入填充

图1–2–18　【图样填充】设置及效果

（四）底纹填充

说明：CorelDRAW X5 提供了 300 多种纹理样式及材质，有泡沫、斑点、水彩等。

步骤：

1. 选中目标填充对象。

2. 选中工具箱【填充 / 底纹填充】，弹出【底纹填充】对话框（图 1–2–19）。在选择目标纹理后，还可以在【底纹填充】对话框中进行详细设置，得到不同效果（图 1–2–20）。

晨云　　　　　　带状孔雀石　　　　　太阳耀斑2

图1-2-19　【底纹填充】设置　　　　图1-2-20　底纹填充各种效果

（五）PostScript 底纹填充

说明：PostScript 底纹填充是由 PostScript 语言编写出来的一种底纹。

步骤：

1. 选中目标填充对象。

2. 点击工具箱【填充 /PostScript 底纹】，弹出对话框（图 1-2-21）。

3. 选中目标底纹后，修改对话框中的各项参数，可以得到不同的效果（图 1-2-22）。

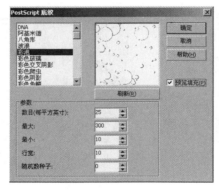

彩泡底纹　　　　　　彩色鱼鳞　　　　　　斜纹布

图1-2-21　【PostScript底纹】填充设置　　　图1-2-22　PostScript填充各种效果

（六）交互式网状填充

说明：可以轻松地创建复杂多变的网状填充效果，同时还可以将每一个网点填充上不同的颜色并定义颜色的扭曲方向（图 1-2-23）。

步骤：

1. 选定目标网状填充对象。

2. 选中工具箱中【交互式网状填充】工具。

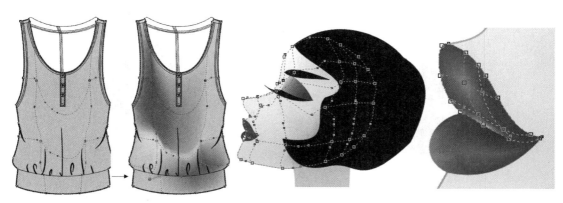

图1-2-23　交互式网状填充各种效果

3. 在【交互式网状填充】工具属性栏中设置网格数目。

4. 单击目标填充节点，然后在调色板中选定需要填充的颜色，即可为该节点填充颜色。

5. 拖动选中的节点，即可扭曲颜色的填充方向。

（七）图框精确剪裁

说明：将一个对象放置到另一个矢量对象内部，并且可以修改内部对象。

步骤：

1. 选中 A 图，执行菜单【效果 / 图框精确剪裁 / 放置在容器中】命令。

2. 当鼠标变成黑色粗箭头时，单击 B 图衣身部分。A 图即被置入 B 图中（图 1-2-24）。

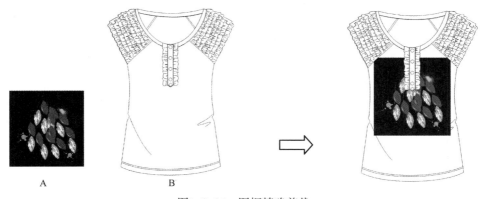

A　　　　　　　　　　　　B

图1-2-24　图框精确剪裁

3. 选中 B 图衣身部分，右键单击，执行【编辑内容】，进入子页面，选中 A 图，放大至合适位置，然后点击页面左下角【完成编辑对象】按钮（图 1-2-25）。

4. 选中 B 图衣身部分，右键单击执行【提取内容】，可以将图框精确剪裁后的对象分离出来。

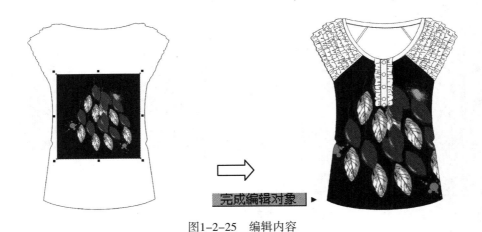

图1-2-25　编辑内容

三、交互式调和工具组

（一）【交互式调和】工具

说明：调和是CorelDRAW X5一个非常重要的功能，可以在矢量图形对象之间产生形状、颜色、轮廓及尺寸上的平滑变化。选中【交互式调和】工具，由一个对象拖动到另一个对象，就会出现调和效果，在属性工具栏中的参数有【步长】、【调和方向】、【环绕调和】、【直接调和】、【顺时针调和】、【逆时针调和】、【路径属性调和】等，可以改变调和的效果。

步骤：

1. 先绘制两个用于制作调和效果的对象（图1-2-26）。

A

B

图1-2-26　绘制调和用的对象

2. 在工具箱中点击【交互式调和】工具，对属性进行设置（图1-2-27）。

3. 在调和的起始对象A上按住鼠标左键不放，然后拖动到终止对象B上，释放鼠标即可（图1-2-28）。

图1-2-27　【交互式调和】属性设置

A　　　　　　　　　　　直接调和效果　　　　　　　　　　　B

顺时针调和效果

逆时针调和效果

图1-2-28　调和后的各种效果

　　4. 路径属性操作。用【手绘】工具绘制一条曲线路径 C。点击对象 A，然后点击属性栏上方的【路径属性】按钮 🕊，在弹出的面板中选择【新路径】，此时鼠标光标变成扭曲的箭头形状，在曲线 C 上点击，调和后的对象即被置入曲线上（图 1-2-29）。

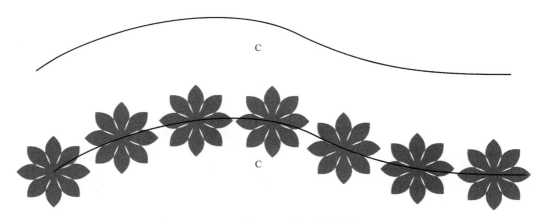

图1-2-29　使调和对象适合某路径

　　5. 删除路径 C 操作。选中对象，单击鼠标右键执行【打散路径群组上的混合】命令，然后选中路径 C，按住【Delete】键即可删除（图 1-2-30）。

（二）▣【交互式轮廓图】工具

　　说明：轮廓图效果是指由一系列对称的同心轮廓线圈组合在一起，所形成的具有深度感的效果。轮廓效果与调和效果相似，也是通过过渡对象来创建轮廓渐变效果，但轮廓效果只能作用于单个的对象，而不能应用于两个或多个对象。

图1-2-30　拆分路径

步骤：

1. 选中欲添加效果的对象。

2. 在工具箱中选择【交互式轮廓图】工具 ▣，对属性进行设置（图 1-2-31）。

3. 用鼠标向内（或向外）拖动对象的轮廓线，在拖动的过程中可以看到提示的虚线框。

4. 当虚线框达到满意的大小时，释放鼠标键即可完成轮廓效果的制作（图 1-2-32）。

图1-2-31　【交互式轮廓图】属性设置

线性轮廓图　　　　　顺时针轮廓图　　　　　逆时针轮廓图

图1-2-32　【交互式轮廓图】各种效果

（三）　【交互式变形】工具

说明：交互式变形是指不规则的改变对象的外观，使对象发生变形，包括【推拉变形】、【拉链变形】和【扭曲变形】三种模式，可以变换出各种效果。

步骤：

1. 选中目标变形对象。

2．选择工具箱中【交互式变形】工具。在属性工具栏中出现三种模式（图1-2-33）。

3．将鼠标移动至目标变形对象上，按住鼠标左键同时拖动鼠标至适当位置，此时可见蓝色变形提示虚线。

4．释放鼠标左键即可完成变形（图1-2-34）。

图1-2-33　【交互式变形】属性设置

推拉变形　　　　拉链变形　　　　扭曲变形

图1-2-34　【交互式变形】的各种效果

（四）【交互式阴影】工具

说明：阴影效果是指为对象添加下拉阴影，增加景深感，从而使对象具有逼真的外观效果。制作好的阴影效果与对象是动态连接在一起的，如果改变对象的外观，阴影也会随之变化。

步骤：

1．选中目标制作阴影效果对象。

2．选择工具箱中【交互式阴影】工具。

3．在对象上按住鼠标左键，然后向阴影投映方向拖动鼠标，此时会出现对象阴影的虚线轮廓框。

4．至适当位置，释放鼠标左键即可完成阴影效果的添加（图1-2-35）。

5．通过属性栏中的预设按钮，可以直接应用阴影。

①拖动阴影控制线中间的调节钮，可以调节阴影的不透明程度。靠近白色方块不透明度越小，阴影越淡；越靠近黑色方块不透明度越大，阴影越浓

②单击属性栏中的【颜色】按钮，可以修改阴影色

③单击属性栏中的【删除】按钮，可以去掉阴影

图1-2-35　交互式阴影效果

（五）⬛【交互式立体化】工具

说明：立体化效果是利用三维空间的立体旋转和光源照射的功能，为对象添加上产生明暗变化的阴影，从而制作出逼真的三维立体效果。使用工具箱中的【交互式立体化】工具，可以轻松地为对象添加具有专业水准的矢量图立体化效果或位图立体化效果。

步骤：

1. 选定目标添加立体化效果对象。

2. 选择工具箱中【交互式立体化】工具⬛。

3. 在对象中心按住鼠标左键向添加立体化效果的方向拖动，此时对象上会出现立体化效果的控制虚线。

4. 拖动至适当位置后释放鼠标左键，即可完成立体化效果的添加。

5. 拖动控制线中的调节钮可以改变对象立体化的深度。

6. 拖动控制线箭头所指一端的控制点，可以改变对象立体化消失点的位置。

7. 通过属性栏中的【预设】按钮，可以直接应用立体化（图1-2-36）。

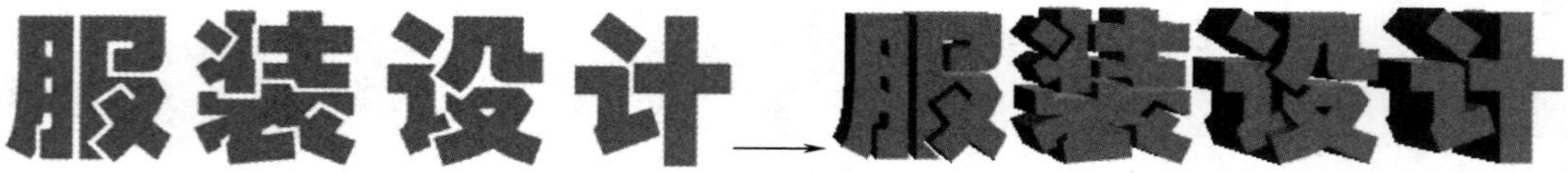

图1-2-36 交互式立体化效果

（六）🍷【交互式透明】工具

说明：透明效果是通过改变对象填充颜色的透明程度创建独特的视觉效果。使用交互式透明工具可以方便地为对象添加【全部】、【填充】、【轮廓】的透明效果。

步骤：

1. 选中目标透明对象。

2. 选择工具箱中【交互式透明】工具🍷。

3. 在对象上按住鼠标左键同时向需要透明的方向移动（图1-2-37）。

4. 点击属性栏中的【删除】按钮🚫，清除透明度。

（七）🔲 ⬡ ▱ ▱ ▱ ✒ 🔗 自由变形 ▾【封套】工具

说明：封套是通过操纵边界框来改变对象的形状，也就是用外面的套子来改变内部对象的形状。

步骤：

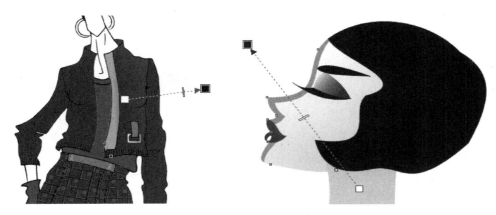

图1-2-37　交互式透明效果

1. 先选中目标对象。

2. 选中工具箱中的【交互式封套】工具 。

3. 单击需要制作封套效果的对象，此时对象四周出现一个矩形封套虚线控制框。

4. 拖动封套控制框上的节点，即可控制对象的外观（图 1-2-38 ）。

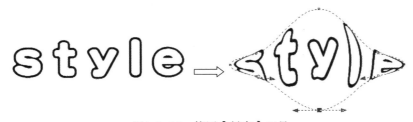

图1-2-38　使用【封套】工具

5. 【封套的直线模式】，是指当拖动任意一个节点的时候，它的蓝色虚线一直是用直线来表现的。

6. 【封套的单弧模式】，是指拖动一个节点的时候，它的蓝色虚线是一条弧线。

7. 【封套的双弧模式】，是指拖动一个节点的时候，它的蓝色虚线是两条弧线。

8. 【封套的非强制模式】，是指当调节一个节点的时候，它的两边会出现两条控制线和控制点。

9. 自定义封套。用【基本形状】工具绘制一个心形，单击右键执行【转换为曲线】。然后选中要运用封套的对象，单击工具箱中【封套】工具 ，再点击属性栏中的【创建封套】图标 。然后在心形对象的内侧单击，此时要运用封套的对象上方出现心形的虚线封套。先单击文字，再对着心形任意节点单击，则运用了新的封套（图 1-2-39 ）。

10. 用作封套的对象不能是基本形状，如果是基本形状，必须先要将其"转换为曲线"，才能继续进行操作。

图1-2-39　使用【自定义封套】命令

四、⬚⬚⬚⬚⬚⬚【修整】工具

【修整】工具，可以方便灵活地将简单图形组合成复杂图形，快速地创建曲线图形。包含有【焊接】、【修剪】、【相交】、【简化】、【移除后面对象】和【移除前面对象】等六种功能。要执行修整命令，必须先要同时选中两个以上的对象，才可以进行操作。

（一）⬚【焊接】命令

说明：【焊接】可以将几个图形对象结合成一个图形对象。

步骤：

1. 选中需要操作的多个图形对象，确定目标对象。

2. 框选时，压在最底层的对象就是目标对象；多选时，最后选中的对象就是目标对象。

3. 单击属性栏中的【焊接】按钮 ⬚，即可完成对多个对象的焊接（图 1-2-40）。

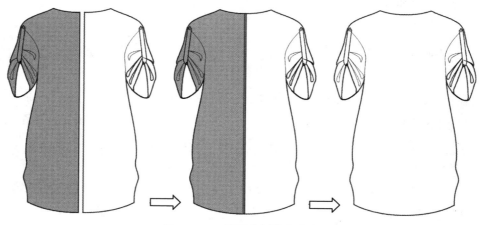

图1-2-40　使用【焊接】命令

（二）⬚【修剪】命令

说明：【修剪】可以将目标对象交叠在源对象上的部分剪裁掉。

步骤：使用方法同【焊接】命令。

1. 先选中 A 图，按住【Shift】键加选 B 图。

2. 单击属性栏中的【修剪】按钮 ▣。即 B 图将 A 图的交叠部分剪掉（图 1-2-41）。

3. 利用【修剪】命令可以很方便地做服装绘图边缘和暗部处理。

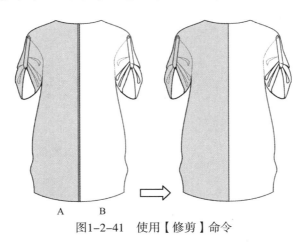

图1-2-41　使用【修剪】命令

（三）▣【相交】命令

说明：【相交】可以在两个或两个以上图形对象的交叠处产生一个新的对象。

步骤：

1. 页面中要有 A 图、B 图，选中 A 图，将其移至 B 图的下方。

2. 选中 A 图和 B 图的下摆部分，点击属性栏中的【相交】按钮 ▣（图 1-2-42）。

3. 移开 A 图，【相交】后的效果呈现。

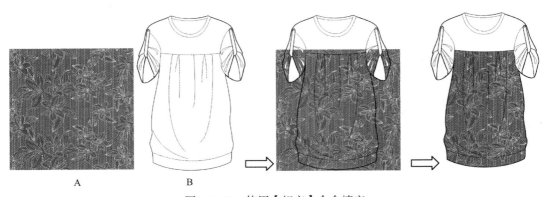

图1-2-42　使用【相交】命令填充

（四）▣ 简化命令

说明：使用【简化】功能后，可以减去后面图形对象中与前面图形对象的重叠部分。

步骤：使用方法同【焊接】命令（图1-2-43）。

图1-2-43　使用【简化】命令

（五）【移除后面对象】命令

说明：可以减去后面的图形对象及前、后图形对象的重叠部分，只保留前面图形对象留剩下的部分。

步骤：使用方法同【焊接】命令。

（六）【移除前面对象】命令

说明：可以减去前面的图形对象及前、后图形对象的重叠部分，只保留后面图形对象留剩下的部分。

步骤：使用方法同【焊接】命令。

本章小结

1．【导入】命令可以导入非.cdr格式的图片，【导出】命令可以将.cdr格式的文件转换成TIF、JPG、BMP等其他格式文件。

2．工具箱中的【线条工具组】可以绘制任意的直线、曲线、折线、水平线、垂直线及复杂的图形对象。

3．工具箱中的【基本形状工具组】可以绘制矩形、圆形、星形及复杂星形，配合【形状】工具可以将其变换成任意的图形对象。

4．【形状】工具可改变任意对象的造型。

5．【处理对象】可以改变图形对象的大小、位置、旋转、缩放、对齐和分布以及顺序。

6．【属性复制】可以快速地将一个对象的属性、变换及效果复制到另外的对象中。

7．工具箱中的【填充】工具组可以完成各种样式的填充。

8．【交互式调和】工具组可以完成对象的调和、变形、轮廓图、阴影、封套及透明的效果。

9．【修整】工具组可以完成对象的焊接、修剪、相交、简化等效果。

思考练习题

1．如何在CorelDRAW X5中导入一张需要裁减的JPG格式的图片？

2．如何将.cdr格式的文件导出为【EPS】格式，并在Photoshop中打开？

3．如何设置页面的大小、增加、删除页面和修改页面名称？

4．如何对齐、分布及焊接对象？

5．用【贝塞尔】工具或者【钢笔】工具绘制一款简单的T恤平面款式图，并分别进行单色填充、渐变填充。

6．利用【复杂星形】工具绘制一个星形，然后配合【形状】工具将其变形成新的图形。

第二章　服装平面款式图绘制实例

课题名称：服装平面款式图绘制实例

课题内容：【贝塞尔】工具、【铅笔】工具、【3点曲线】工具

【艺术笔】工具

【轮廓笔】工具

【矩形】工具、【形状】工具

【填充、交互式调和】工具

课题时间：6课时

教学目的：通过案例的演示与操作步骤，让学生掌握各种款式平面图的绘制，具备利用所学工具绘制任意变化款式的能力。

教学方式：教师演示及课堂训练。

教学要求：1．用CorelDRAW X5软件绘制各种零部件。

2．用CorelDRAW X5软件绘制各种男装款式图的方法和技巧。

3．用CorelDRAW X5软件绘制各种女装款式图的方法和技巧。

课前准备：熟悉CorelDRAW X5软件的各种工具的操作方法和技巧。

第二章　服装平面款式图绘制实例

　　CorelDRAW X5 工具，特别是【钢笔】工具、【贝塞尔】工具、【形状】工具的快捷、方便且易于修改等特点，是绘制服装平面款式图的不二之选。服装平面款式图中的服装廓型、比例、细节是打板师进行板型制作的基本依据，也是样衣师制作样衣时的重要参考。因此，绘制服装平面款式图时要求廓型与比例准确，细节表达清晰，原则上还应有前视和后视图之分。此外，对于工艺单上的款式图还需注明服装的基本规格尺寸及工艺制作说明。

第一节　服装零部件

一、领子

（一）领子实例效果（图 2-1-1）

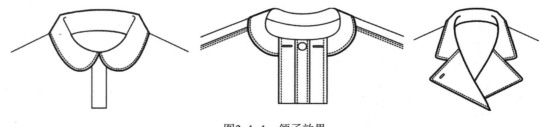

图2-1-1　领子效果

（二）领子的绘制

　　1. 按住快捷键【Ctrl+N】或者执行菜单【文件/新建】命令，新建一个文件。然后执行菜单【视图/网格】命令，显示网格（图 2-1-2）。

　　2. 创建领子外轮廓。点击【钢笔】工具 🖊️，绘制领子外轮廓（图 2-1-3）。

　　3. 用【钢笔】工具再绘制一个倒三角形（图 2-1-4）。

　　4. 修改领子形状。点击【形状】工具 ▶️，在需要修改的线条上单击鼠标右键，执行【到曲线】命令，修改对象（图 2-1-5）。

　　5. 按住快捷键【Ctrl+A】全选对象，单击属性栏中的【修剪】按钮 🔳。在右边的【颜色栏】中单击任意颜色，进行领子的单色填充（图 2-1-6）。

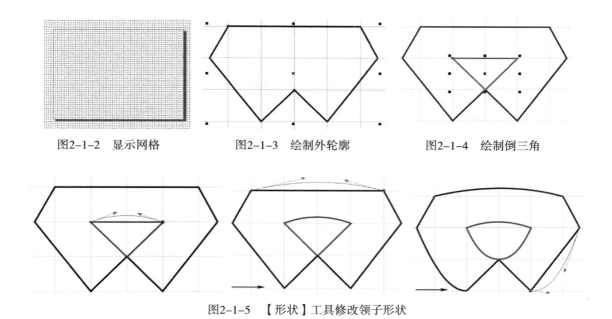

图2-1-2 显示网格　　　图2-1-3 绘制外轮廓　　　图2-1-4 绘制倒三角

图2-1-5 【形状】工具修改领子形状

6. 点击【钢笔】工具 🖊️，绘制领子内轮廓线（图 2-1-7）。

7. 领子边缘绘制弧线的操作。在工具箱中点击【3 点曲线】工具 🖊️ 后，在领子边缘 A 点按住鼠标左键，移动至领子边缘 B 点后释放鼠标左键，拖放弧线弧度绘制领子外轮廓线（图 2-1-8）。

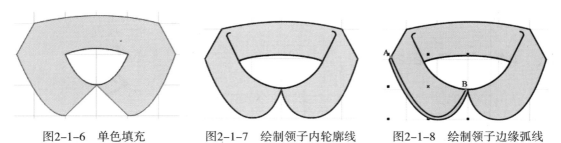

图2-1-6 单色填充　　　图2-1-7 绘制领子内轮廓线　　　图2-1-8 绘制领子边缘弧线

8. 复制镜像弧线。按住数字键盘中的加号键【+】，复制 AB 弧线，然后点击属性栏中的【水平镜像】按钮 🔁️，移至右边领子轮廓线。如果对弧线弧度不满意，可以通过【形状】工具 🖊️ 进行修改（图 2-1-9）。

9. 实线转换成虚线。选中 AB 弧线，按住【Shift】键加选另外一条领子边缘弧线，点击工具箱中【轮廓笔】或按住快捷键【F12】，弹出【轮廓笔】对话框（图 2-1-10），设置宽度为 "0.25mm"，样式为任意虚线，勾选【按图像比例显示】，得到效果如图（图 2-1-11）。

10. 点击【钢笔】工具 🖊️，绘制两条肩线。然后点击【矩形】工具 ⬜️ 绘制一个矩形（图 2-1-12）。选中矩形和领子外形，执行菜单【排列 / 对齐和分布 / 垂直居中对齐】命令。然后单选矩形对象后，鼠标右键单击执行【顺序 / 到页面后面】命令，得到最后效果（图 2-1-13）。

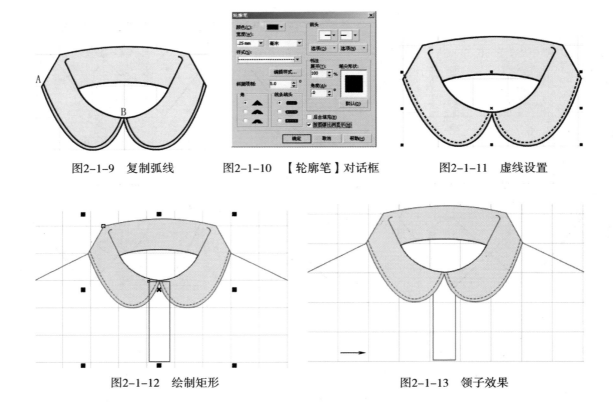

图2-1-9　复制弧线　　　　图2-1-10　【轮廓笔】对话框　　　　图2-1-11　虚线设置

图2-1-12　绘制矩形　　　　　　　　　图2-1-13　领子效果

二、口袋

（一）口袋实例效果（图2-1-14）

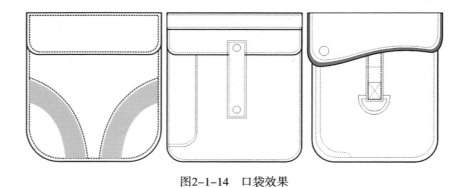

图2-1-14　口袋效果

（二）口袋绘制

1. 点击工具箱中【矩形】工具 ▢ ，在上方属性栏【对象大小】中输入数值"40mm/45mm" ，绘制一个矩形（图2-1-15）。

2. 点击工具箱中【形状】工具 ，在矩形的 *a* 点处单击，按住【Shift】键再次单击 *b* 点。拖动 *a* 点将直角变形为圆角（图2-1-16）。

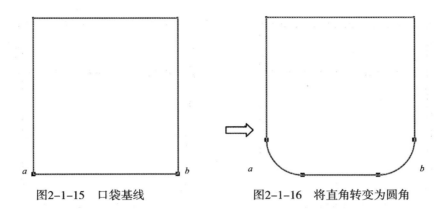

图2-1-15 口袋基线　　　　　　　　图2-1-16 将直角转变为圆角

3. 选择【矩形】工具（快捷键【F6】），从矩形的 *c* 点出发，拖出袋盖形状。选择【形状】工具（快捷键【F10】），重复步骤2，将袋盖的直角转换成圆角（图2-1-17）。

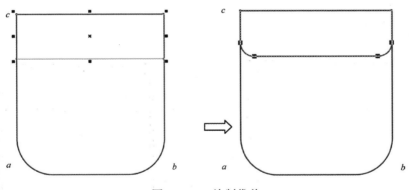

图2-1-17 绘制袋盖

4. 选中袋盖，按下复制快捷键【+】，将鼠标放置在 *c* 点处，按下鼠标左键不松手，同时按下【Shift】键进行等比例缩放操作。然后按住【Shift】键，拖放 *d* 点（图2-1-18）。

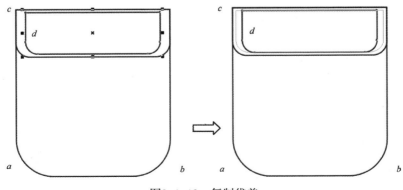

图2-1-18 复制袋盖

5. 选中口袋，重复步骤4，得到效果（左）。选中袋盖，单击右边【颜色栏】中的白色，进行色彩填充（图2-1-19）。

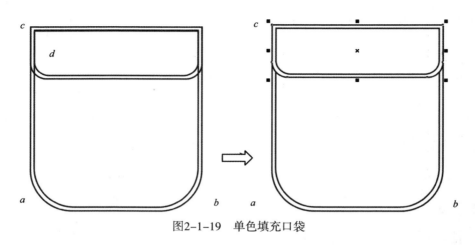

图2-1-19　单色填充口袋

6. 选择工具箱中的【3点曲线】工具 ，绘制两条弧线（红色线和绿色线，图2-1-20）。选中红色线后，按下【Shift】键加选绿色线，执行菜单【排列/闭合路径/最近的节点和直线】命令（图2-1-21）。

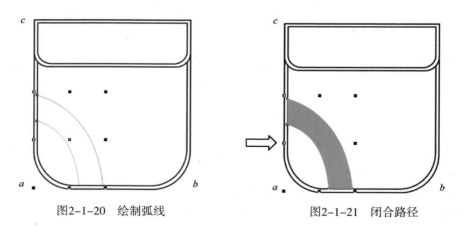

图2-1-20　绘制弧线　　　　　　图2-1-21　闭合路径

7. 选择【3点曲线】工具 ，绘制口袋上的装饰弧线（蓝色线）。然后选中红色块和蓝色线条，按下复制快捷键【+】键，单击属性栏中的【水平镜像】按钮 ，并移动至合适位置（图2-1-22）。

8. 按住【Shift】键，选中两个红色块，在右边【颜色栏】中的浅灰颜色 单击鼠标左键（替换红色），然后在【颜色栏】中最上方的【叉形】按钮 上单击鼠标右键，除掉所选对象的外轮廓颜色（图2-1-23）。

9. 按住【Shift】键，选中两条蓝色线后，在右边【颜色栏】中的黑色 单击鼠标右键，用黑色替换蓝色轮廓线。按住快捷键【F12】，打开【轮廓笔】对话框（图2-1-24）。在【样式】中选择需要的虚线，得到效果（图2-1-25）。

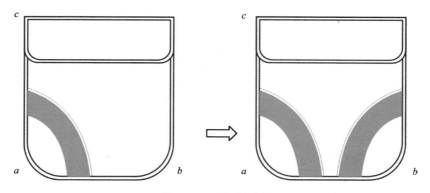

图2-1-22 复制对象

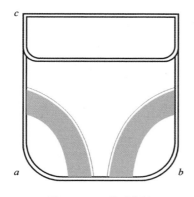

图2-1-23 修改颜色

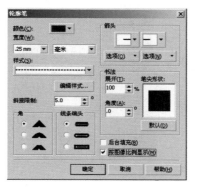

图2-1-24 【轮廓笔】对话框

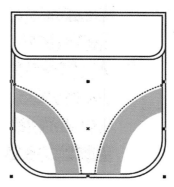

图2-1-25 虚线设置

10. 复制轮廓属性操作。在工具箱中选中【滴管】工具 ✎，在属性栏中选择【对象属性】，在【属性】下勾选【轮廓】和【填充】，点击【确定】（图2-1-26）。然后在工具箱选中【颜料桶】工具 ◇，单击口袋和袋盖上的缝纫线，得到虚线效果（图2-1-27）。

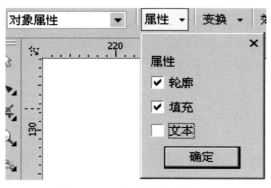

图2-1-26 【对象属性】设置

图2-1-27 最后效果

第二节　男装款式图绘制

一、T恤

（一）T恤实例效果（图2-2-1）

图2-2-1　T恤实例效果

（二）T恤的绘制

1. 按住快捷键【Ctrl+N】或者执行菜单【文件/新建】命令，新建一个文件。

2. 绘制左边衣身（本书中，左边衣身指书上显示的左片，实际穿着于人体上为右边衣身）。选择工具箱中的【矩形】工具 ▱，绘制一个长方形，鼠标右键单击执行【转换为曲线】命令。点击【形状】工具 ▸，在需要的地方双击，添加节点，在需要修改的直线上（如领口弧线、袖窿弧线）单击鼠标右键执行【到曲线】命令，将直线转换成曲线（图2-2-2）。

3. 绘制左边袖子。重复步骤2，选择【矩形】工具 ▱，绘制一个小长方形，单击鼠标右键执行【转换为曲线】命令。用【形状】工具 ▸ 进行调整（图2-2-3）。

4. 绘制袖口。选择【钢笔】工具 ✎，沿着袖口绘制一个封闭的区域（图2-2-4）。

5. 绘制袖口罗纹。用【钢笔】工具配合【Shift】键绘制一条垂直线（紫色线A），按住快捷键【+】复制紫色线B，水平拖放至另一端。点击工具箱选中【交互式调和】工具 ▤，将紫色线A拖至紫色线B，同时在属性栏【步长】中输入任意数值（图2-2-5）。

6. 将罗纹填充到袖口中。先选中罗纹，在右边【颜色栏】中右键单击黑色，将紫色线条转换成黑色线条（图2-2-6）。然后执行菜单【效果/图框精确剪裁/放置在容器中】

命令，此时鼠标变成黑色粗箭头，只要将黑色粗箭头单击袖口，罗纹即被填充到袖口中。如果对罗纹的效果不满意，执行【效果/图框精确剪裁/编辑内容】或右键单击【编辑内容】进行调整。完成后点击左下方的 **完成编辑对象** 按钮即可（图2-2-7）。

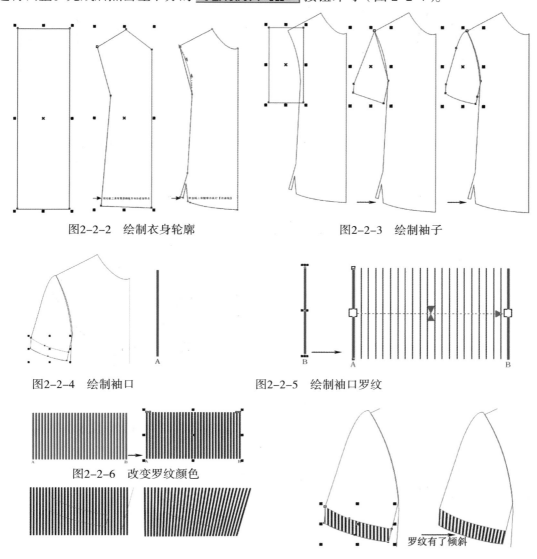

图2-2-2 绘制衣身轮廓　　　图2-2-3 绘制袖子

图2-2-4 绘制袖口　　　图2-2-5 绘制袖口罗纹

图2-2-6 改变罗纹颜色

罗纹有了倾斜

图2-2-7 编辑罗纹

7. 绘制左边领子。点击【钢笔】工具 ，沿着领口绘制一个封闭的区域（绿色线）。用【形状】工具 进行调整修改。然后用【钢笔】工具绘制一条领子翻折线（橙色线，图2-2-8）。

8. 点击工具箱中【3点曲线】工具 ，绘制几条衣纹褶皱线，全选对象后按住快捷键【Ctrl+G】群组。按住快捷键【+】复制，单击属性栏中的【水平镜像】按钮 ，移至右边合适位置。选中左右衣片后执行【排列/对齐和分布/水平居中对齐】命令，对齐左右衣片（图2-2-9）。

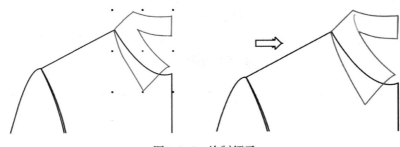

图2-2-8　绘制领子

9. 取消左右衣片的群组。选中衣片后单击鼠标右键执行【取消群组】命令。

10. 焊接领子。选中左右领子部分（绿色线），点击属性栏中的【焊接】按钮，得到效果（图 2-2-10）。

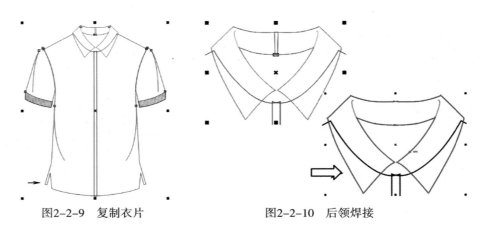

图2-2-9　复制衣片　　　　　　图2-2-10　后领焊接

11. 焊接衣身。选中左右衣身部分（褐色线），执行属性栏中的【焊接】按钮，得到效果（图 2-2-11）。

12. 点击工具箱中【形状】工具，双击删除不要的节点，修改调整焊接后产生的夹角，并调整衣身领口弧线至后领处（褐色线，图 2-2-12）。

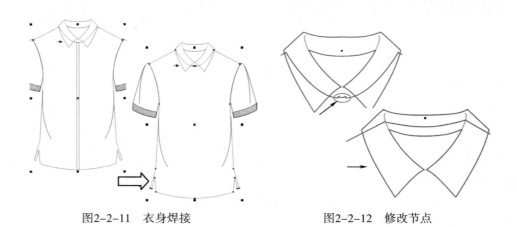

图2-2-11　衣身焊接　　　　　　图2-2-12　修改节点

13. 绘制领口门襟。用【矩形】工具绘制一个矩形，单击鼠标右键执行【顺序／置于此对象后】命令，点击领子，给领子填充白色。选中该矩形和衣身部分，执行【排列／对齐和分布／垂直居中对齐】命令，得到效果（图2-2-13）。

14. 绘制领子装饰线。用【3点曲线】工具绘制弧线（图2-2-14）。

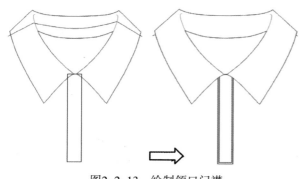

图2-2-13　绘制领口门襟

图2-2-14　绘制领子弧线

15. 绘制下摆缝纫线。用【钢笔】工具或【3点曲线】工具绘制弧线。然后点击工具箱中【轮廓笔】或按住快捷键【F12】，弹出【轮廓笔】对话框，设置虚线（图2-2-15）。

16. 选中所有对象，在右边【颜色栏】中右键单击黑色，将所有轮廓色转换成黑色（图2-2-16）。

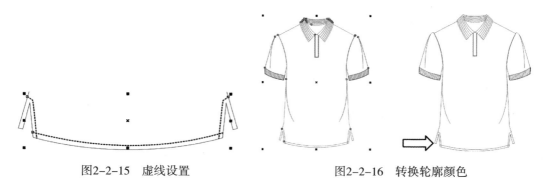

图2-2-15　虚线设置

图2-2-16　转换轮廓颜色

17. 完善细节。点击工具箱中的【艺术笔刷】工具 🖋，在需要的地方直接绘制衣纹褶皱。在右边的【颜色栏】中左键单击浅灰色 ▨，右键单击 ⊠ 去掉外轮廓色，得到效果（图2-2-17）。

18. 绘制衣服条纹。选择【矩形】工具绘制一个长方形，填充黑色（图2-2-18）。

19. 用【选择】工具 ▱ 选中黑色长方形，按住【+】键复制，按住鼠标左键不松手，垂直移动黑色长方形（图2-2-19）。

20. 按住快捷键【Ctrl+D】，多次复制黑色长方形，选中所有黑色长方形，按住快捷键【Ctrl+G】将其群组（图2-2-20）。

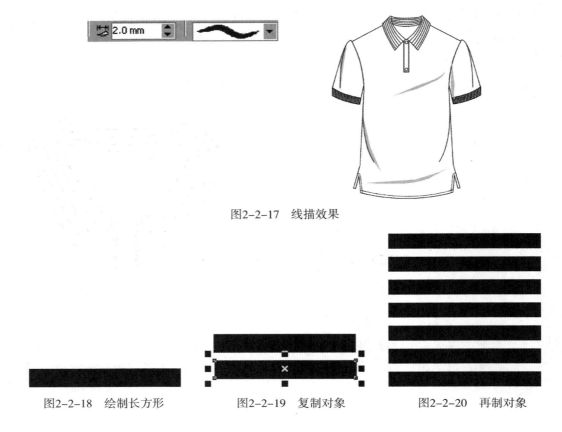

图2-2-17 线描效果

图2-2-18 绘制长方形　　　　图2-2-19 复制对象　　　　图2-2-20 再制对象

21．选中群组后的黑色长方形，执行菜单【效果 / 图像精确裁剪 / 放置在容器】命令，将其置于衣身对象中（图 2-2-21 ）。

22．对精确裁剪后的内容修改。选中对象后执行菜单【效果 / 图像精确裁剪 / 编辑内容】命令或者单击鼠标右键执行【编辑内容】命令，进入修改的子界面，可以重新调整条纹的宽窄和疏密，还可以复制粘贴，完成后点击左下方的【完成编辑】按钮，得到效果图（图 2-2-22 ）。

图2-2-21 精确裁剪　　　　　　　　　图2-2-22 最后效果

二、外套

（一）外套实例效果（图 2-2-23）

图2-2-23　外套效果

（二）外套的绘制

1. 按住快捷键【Ctrl+N】或者执行菜单【文件/新建】命令，新建一个文件。

2. 绘制衣身左前片。用【钢笔】工具 🖊 绘制一个封闭的区域并填充白色（图 2-2-24）。

3. 绘制领子。用【钢笔】工具 🖊 绘制一个封闭的区域并填充白色（红线，图 2-2-25）。绘制领子边缘缝纫线（绿色虚线，图 2-2-26）。

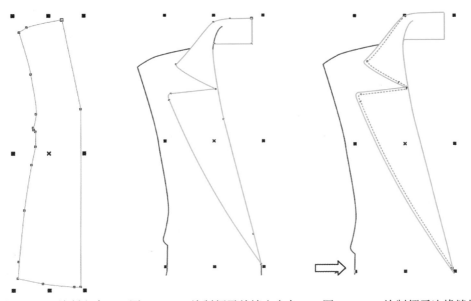

图2-2-24　绘制衣身　　图2-2-25　绘制领子并填充白色　　图2-2-26　绘制领子边缘缝纫线

4. 绘制斜插口袋。用【矩形】工具 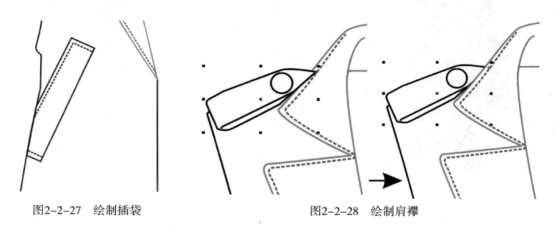，绘制一个小长方形，单击鼠标右键执行【转换为曲线】命令。用【形状】工具 ，移动节点至合适位置。用【钢笔】工具绘制袋盖上的缝纫线，按住快捷键【F12】，打开【轮廓笔】对话框，转换成虚线（图 2-2-27）。

5. 绘制肩襻。用【钢笔】工具 ，绘制一个封闭的区域并填充白色，按住快捷键【Ctrl+G】将其群组。右键单击执行【顺序 / 置于此对象后】命令，然后单击领子轮廓（图 2-2-28）。

图2-2-27　绘制插袋　　　　　　　　　图2-2-28　绘制肩襻

6. 绘制袖子。用【贝塞尔】工具 ，绘制袖子轮廓，右键单击执行【顺序 / 置于此对象后】命令，然后点击衣身，将其置于衣身的后面（图 2-2-29）。

7. 选中左前片整个对象，按住快捷键【Ctrl+G】将其群组。按【+】键复制对象，单击【水平镜像】按钮 ，移至右边合适位置（图 2-2-30）。

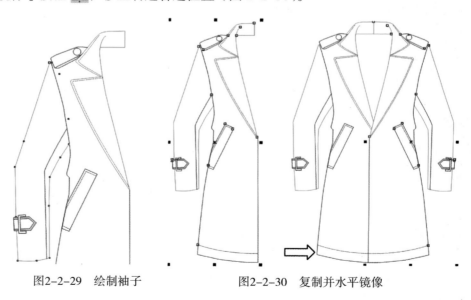

图2-2-29　绘制袖子　　　　　　图2-2-30　复制并水平镜像

8. 绘制纽扣。点击工具箱中【椭圆】工具 （快捷键【F7】），按住【Shift】键绘制一个正圆，然后按住快捷键【+】复制正圆。用【选择】工具 配合【Shift】键拖动对角点进行成比例缩放。再绘制一个小圆，按住快捷键【+】另外复制三个小圆，按快捷键【Ctrl+G】群组。选中群组后的小圆和蓝色正圆，执行菜单【排列/对齐和分布/水平居中对齐】（图2-2-31）。

9. 选中整个纽扣，按住【F12】键打开【轮廓笔】对话框，勾选【按图像比例显示】，确保对象缩小后轮廓线粗细不会发生改变（图2-2-32）。

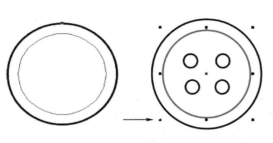
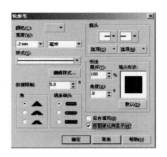

图2-2-31 绘制纽扣　　　　　　　图2-2-32 【轮廓笔】对话框

10. 绘制腰带。用【钢笔】工具 🖋 绘制腰带，尽可能是封闭的区域（图2-2-33）。

11. 选择所有对象，在右边的【颜色栏】中右键单击黑色，将轮廓色全部转换成黑色（图2-2-34）。

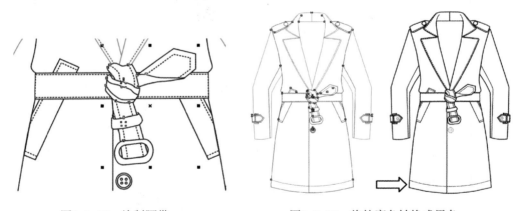

图2-2-33 绘制腰带　　　　　　　图2-2-34 将轮廓色转换成黑色

12. 绘制衣服里子。用【折线】工具 📐 沿着领子的外形勾勒一个封闭的区域（红色线）并填充浅灰色。执行菜单【排列/顺序/到页面后面】命令（快捷键【Ctrl+End】），得到效果（图2-2-35）。

13. 颜色填充。选中左边袖子，打开工具箱中的【渐变】填充（快捷键【F11】），弹出渐变对话框（图2-2-36）。设置类型：【线性】；颜色调和：【自定义】。双击滑轴任意位置可以添加多个颜色（弹出倒三角形状），要删除颜色只需在倒三角形上双击即可，完成后点击【确定】按钮（图2-2-37）。

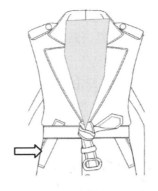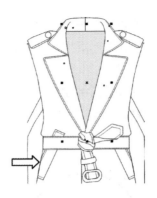

图2-2-35　绘制衣服里子

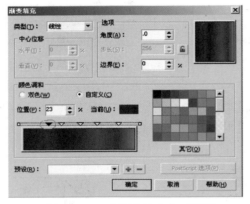

图2-2-36　【渐变填充】对话框

图2-2-37　渐变填充

14．复制填充。选择工具箱中【滴管】工具 🖋，在上方属性栏中，选择【对象属性】而非【示例颜色】，勾选【轮廓】和【填充】，点击【确定】按钮，然后使用【滴管】点击刚刚填充的袖子（图 2-2-38 ）。

15．选择工具箱中【颜料桶】工具 🖢，在右边袖子上单击，依次操作，可以将渐变填充复制到任意的对象中，得到效果（图 2-2-39 ）。

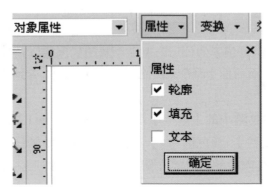

图2-2-38　【对象属性】设置

图2-2-39　复制属性后的效果

三、裤子

（一）裤子实例效果（图 2-2-40）

图2-2-40　裤子实例效果

（二）裤子的绘制

1. 按住快捷键【Ctrl+N】或者执行菜单【文件 / 新建】命令，新建一个文件。

2. 绘制左边裤腿。选择【矩形】工具绘制一个长方形，单击鼠标右键执行【转换为曲线】命令，用"形状"工具添加节点和修改，绘制出一侧裤腿形状（图 2-2-41）。按下快捷键【F12】打开【轮廓笔】对话框，在对话框中设置线条的宽度为"0.45mm"，完成后点击【确定】按钮（图 2-2-42）。

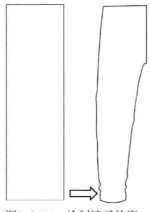

图2-2-41　绘制裤子轮廓

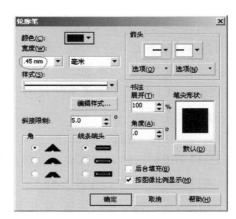

图2-2-42　【轮廓笔】设置

3. 按【+】键复制左裤腿并将其移开，选中裤腿，用【形状】工具分别单击两个红色节点，然后点击属性栏中的【断开曲线】按钮 ![断开曲线图标]。回到选中状态，右键单击执行【打散曲线】命令快捷键【Ctrl+K】（图2-2-43）。

4. 选中需要删除的部分，按住【Delete】键，将其删除（图2-2-44）。

5. 将打散后保留的裤子外侧缝线移回至原裤腿。按照同样的方法可以添加内侧缝（图2-2-45）。

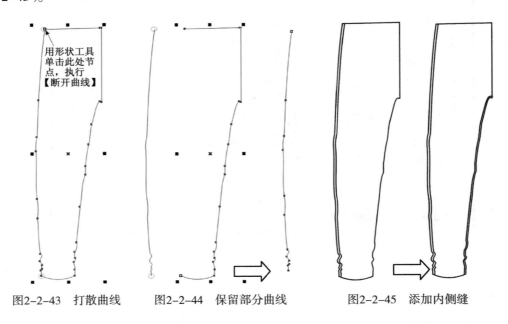

图2-2-43　打散曲线　　　图2-2-44　保留部分曲线　　　图2-2-45　添加内侧缝

6. 绘制裤口部分。选择【矩形】工具绘制一个长方形，鼠标右键单击执行【转换为曲线】命令，用【形状】工具添加节点和修改，绘制出裤口形状，并填充白色，按下快捷键【Ctrl+G】将其群组（图2-2-46）。

7. 复制镜像裤腿。选中已绘制完成的裤腿，按下【+】键，点击属性栏中的【水平镜像】按钮，并移至合适位置，鼠标右键单击执行【取消群组】（快捷键【Ctrl+U】），将左右裤腿取消群组（图2-2-47）。

8. 按住【Shift】键，选中左右两个裤腿，点击属性栏中的【焊接】按钮 ![焊接图标]，焊接左右裤腿（图2-2-48）。

9. 添加腰头。用【钢笔】工具绘制封闭区域或者用【矩形】工具配合【形状】工具完成腰头的绘制（图2-2-49）。

10. 按照同样方法绘制裤裆线及门襟（图2-2-50）。

11. 绘制口袋和串带。注意，需要填充颜色的地方必须是封闭的对象（图2-2-51）。

12. 添加裤口衣纹褶皱线（图2-2-52）。

13. 进行底纹填充。选中左右裤腿，打开【底纹填充】工具，弹出对话框（图2-2-53），设置参数，完成后点击【确定】按钮（图2-2-54）。

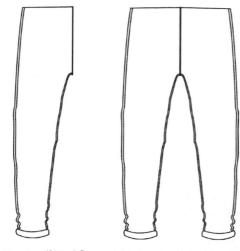
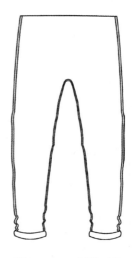

图2-2-46　群组对象　　图2-2-47　复制镜像对象　　图2-2-48　焊接对象

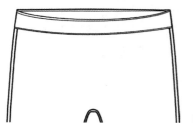

图2-2-49　添加腰头　　图2-2-50　绘制裤裆及门襟　　图2-2-51　绘制口袋和串带

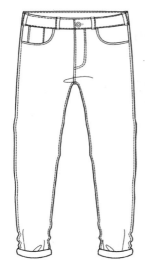
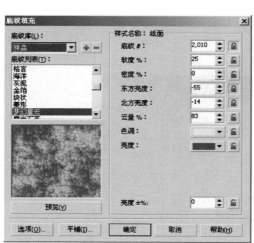

图2-2-52　裤口褶皱线　　图2-2-53　【底纹填充】对话框　　图2-2-54　底纹填充后效果

14. 分别选择裤腰和口袋，同样进行【底纹填充 / 梦幻星云】，得到效果（图2-2-55）。

15. 执行菜单【文件 / 导入】命令，弹出对话框，导入一张 jpg 格式的面料图片。注意：如果要对图片进行裁剪，则选择【裁剪】而非【全图像】，即会弹出【裁剪图像】对话框（图 2-2-56），完成后点击【确定】按钮，在页面中按住鼠标左键不松手拖出图片即可（图 2-2-57）。

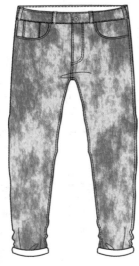
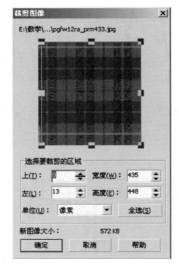

图2-2-55 底纹填充对象　　　图2-2-56 【裁剪图像】对话框　　　图2-2-57 导入图片

16. 选中导入的图片，按两次【＋】键另外复制两个。执行菜单【效果 / 图框精确裁剪 / 放置在容器中】命令，鼠标点击后腰头部分，图片即被置入后腰头中（图 2-2-58）。

17. 重复以上操作，完成两个裤口的填充，得到最后效果（图 2-2-59）。

18. 需要颜色填充的地方必须是封闭的对象，如果对象不封闭可以执行【排列 / 闭合路径 / 最近的节点和直线】命令将其先封闭。

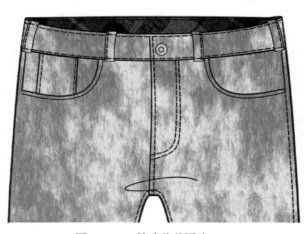
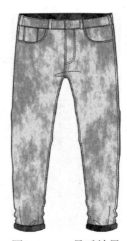

图2-2-58 精确裁剪图片　　　图2-2-59 最后效果

第三节　女装款式图绘制

一、衬衫

（一）衬衫实例效果（图 2-3-1）

图2-3-1　衬衫实例效果

（二）衬衫的绘制

1. 按住快捷键【Ctrl+N】或者执行菜单【文件 / 新建】命令，新建一个文件。用【贝塞尔】工具 ![图标] 绘制右侧衣片，填充白色（图 2-3-2）。

2. 绘制袖口纽扣。选中【椭圆】工具，按住【Shift】键绘制一个小正圆，按下三次【+】键另外复制 3 个小正圆。选中 4 个小正圆执行【排列 / 对齐和分布 / 垂直居中对齐】命令（图 2-3-3）。

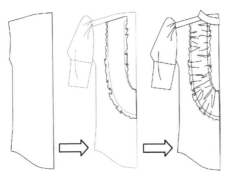

图2-3-2　绘制衣片

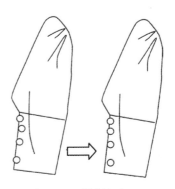

图2-3-3　绘制纽扣

3. 弹出【对齐与分布】对话框（图2-3-4），在垂直分布中选择【间距】，点击【应用】按钮。

4. 再次选中4个小正圆，按住快捷键【Ctrl+G】群组，再次单击对象进行旋转，完成后移至合适的位置，得到效果（图2-3-5）。

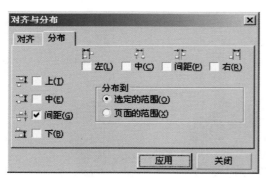

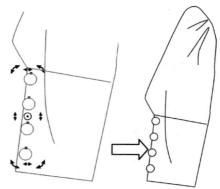

图2-3-4 【对齐与分布】设置   图2-3-5 分布后纽扣效果

5. 选中衣片，按住快捷键【Ctrl+G】将其群组，按下【+】键复制，点击属性栏中【水平镜像】按钮，移至合适位置后，选中左右衣片执行【排列/对齐和分布/顶端对齐】命令（图2-3-6）。

6. 按住快捷键【Ctrl+U】取消左右衣片的群组。用【选择】工具选择左右两片衣身（红色线）。点击属性栏中的【焊接】按钮（图2-3-7）。

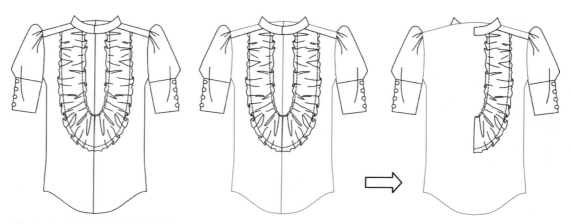

图2-3-6 复制镜像并对齐对象   图2-3-7 焊接左右衣片

7. 选中【焊接】后的衣身，单击鼠标右键执行【顺序/到页面后面】命令，衣身将置于最底层。按照同样的方法，可以焊接左右领子（绿色线，图2-3-8）。

8. 选择【贝塞尔】工具，绘制一个封闭的区域做后领（玫红色线），单击鼠标右键执行【顺序/到页面后】命令，出现黑色粗箭头，单击衣身部分（红色线），并填充浅灰色，得到效果（图2-3-9）。

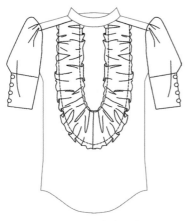
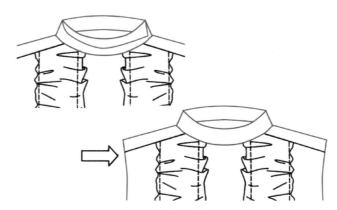

图2-3-8　焊接左右领子　　　　　　　图2-3-9　绘制后领并置于后面

9. 绘制门襟用【矩形】工具从领口至衣摆绘制一个长方形（灰色），选中长方形和衣身部分，执行【排列 / 对齐和分布 / 垂直居中对齐】命令（图 2-3-10）。

10. 添加扣子及缝纫线，并将所有的轮廓线转换成黑色（图 2-3-11）。

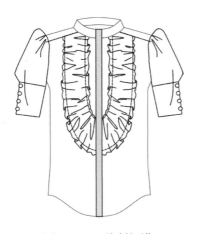
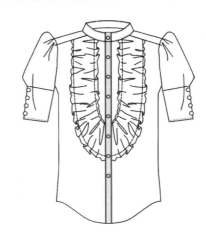

图2-3-10　绘制门襟　　　　　　　图2-3-11　添加细节及修改轮廓色

11. 添加衣服暗部效果。选中右袖轮廓（红色线），按下【+】键复制，并移开，点击属性栏中的【修剪】按钮，得到新的对象，此时还可以通过形状工具改变新对象的外形，去掉新对象的外轮廓并填充浅灰色，移回至袖子的边缘（图 2-3-12）。

12. 重复上面的操作，可以给衣身部分添加暗部效果（图 2-3-13）。

13. 图案填充。打开工具箱中【图样填充】，弹出对话框，选择【双色】，默认为黑白，根据需要可以替换任意颜色，在【大小】中可以修改任意的高度和宽度（图 2-3-14）。

14. 选择工具箱【滴管】工具，属性栏设置为【对象属性】 对象属性 ▼ ，勾选【填充】，点击【确定】，用滴管单击衣身，然后选择工具箱中【颜料桶】工具，分别单击袖子和领口，得到效果（图 2-3-15）。

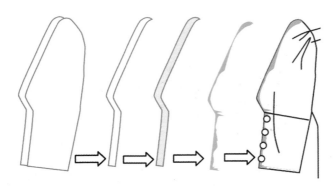 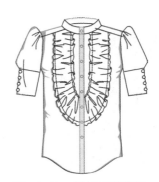

图2-3-12　添加袖子暗部　　　　图2-3-13　添加衣身暗部

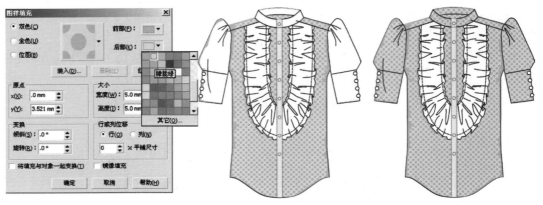

图2-3-14　【图样填充】设置　　　　　　图2-3-15　复制填充效果

15. 荷叶边颜色填充。打开工具箱中的【颜色】泊坞窗（图2-3-16），选择【滴管】工具，属性栏设置为【示例颜色】 示例颜色 ，用滴管单击衣身上的蓝色，此时滴管工具吸取的颜色在【颜色】泊坞窗中显示（图2-3-17）。选中荷叶边，单击【颜色】泊坞窗中的【填充】按钮。

16. 添加投影。选中整件衣服后按快捷键【Ctrl+G】群组。打开【交互式阴影】工具，可以拖出一个阴影，得到效果（图2-3-18）。

  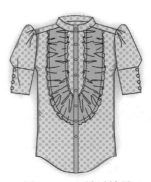

图2-3-16　打开【颜色】泊坞窗　　　图2-3-17　【颜色】泊坞窗　　　图2-3-18　最后效果

二、连身短裙

（一）连身短裙实例效果（图2-3-19）

图2-3-19　连身短裙实例效果

（二）连身短裙的绘制

1. 按住快捷键【Ctrl+N】或者执行菜单【文件/新建】命令，新建一个文件。执行菜单【视图/网格】命令，显示网格。

2. 选择工具箱中【矩形】工具，绘制一个矩形，单击鼠标右键执行【转换为曲线】。

3. 按住快捷键【F10】，打开【形状】工具 ，将矩形调整为裙身（图2-3-20）。

4. 选择工具箱中【钢笔】工具 ，绘制衣身后片后执行菜单【顺序/到页面后面】命令（快捷键【Ctrl+End】）。选中裙身，填充白色（图2-3-21）。

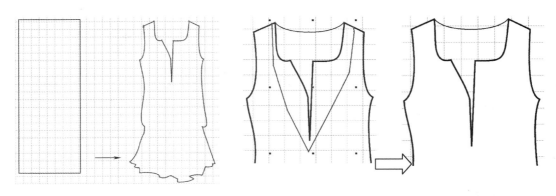

图2-3-20　绘制裙身轮廓　　　　　　图2-3-21　绘制衣身后片

5. 选择工具箱中【钢笔】工具 ✎,绘制翻领。用【椭圆工具】绘制扣子（图2-3-22）。

6. 用【钢笔】工具 ✎,继续绘制袖子和腰带轮廓,必须是封闭区域（图2-3-23）。

7. 用【钢笔】工具 ✎ 添加裙褶皱（图2-3-24）。

图2-3-22　绘制翻领及扣子　　图2-3-23　绘制袖子和腰带　　图2-3-24　绘制褶皱

8. 将褶皱的匀线转换成粗细线。用【选择】工具选中需要转换的褶皱线条,执行菜单【排列/将轮廓转换为对象】命令（快捷键【Ctrl+Shift+Q】）,然后用【形状】工具 ➤ 删除多余的节点,并调整至合适的状态（图2-3-25）。

9. 按照步骤8操作方法,调整需要修改的褶皱线条（图2-3-26）。

图2-3-25　修改褶皱线　　　　图2-3-26　修改后的效果

10. 绘制填充的图案。打开工具箱中【复杂星形】工具 ✲ 绘制一个边数为"10",长宽为"12cm×12cm"的星形。用【形状】工具 ➤ ,将直线转换为曲线变形,填充单色（图2-3-27）。

11. 选中D图,在属性栏中输入边数为"22",锐度为"3",生成E图;按住【+】键复制E图,按住【Shift】键成比例缩小,设置,边数为"12",锐度为"3",得到F图。按住【+】键复制F图,按住【Shift】键成比例缩小,设置边数为"10",锐度为"2",得到G图（图2-3-28）。

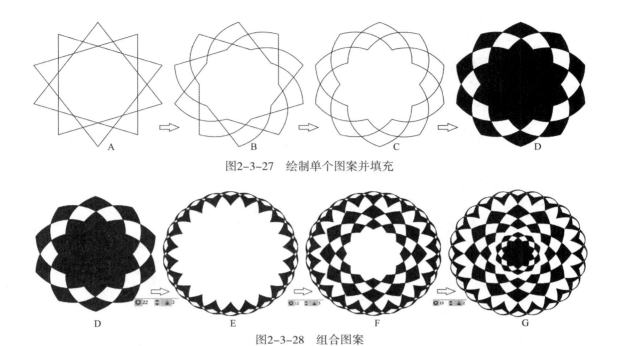

图2-3-27　绘制单个图案并填充

图2-3-28　组合图案

12. 用【矩形】工具绘制一个"10cm×10cm"的正方形,然后选中 G 图,执行菜单【效果／图框精确剪裁／放置在容器中】命令, 将其放置在正方形中, 然后去掉正方形的边框填充（图 2-3-29）。

13. 选中对象,执行【文件／导出】命令,弹出对话框,选择 jpg 格式导出（图 2-3-30）。

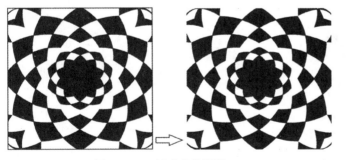

图2-3-29　精确裁剪图案

图2-3-30　导出文件

14. 用【选择】工具选中裙身,打开工具箱中的【图样】填充,弹出对话框（图 2-3-31）,点击【装入】按钮,选择刚刚导出的 jpg 文件,设置大小为"5mm×5mm",完成后点击【确定】按钮,得到效果（图 2-3-32）。

15. 在袖子和腰带处填充单色,打开工具箱中【透明】工具进行透明调整,得到效果（图 2-3-33）。在【图样填充】对话框中（图 2-3-34）,可以修改颜色,完成后点击【确定】按钮,得到不同颜色效果（图 2-3-35）。

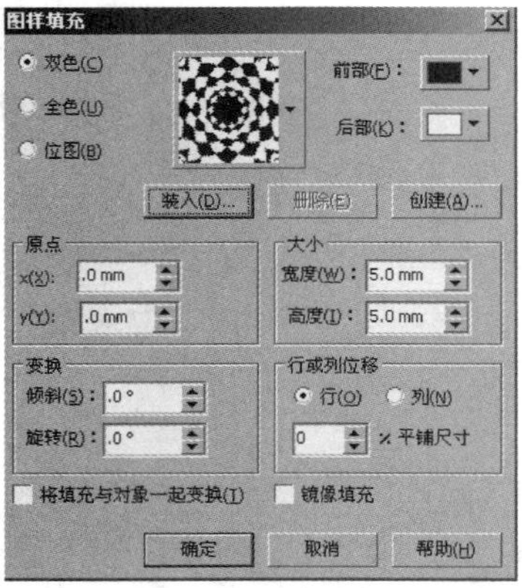

图2-3-32 图样填充后效果

图2-3-33 最后效果

图2-3-31 【图样填充】设置

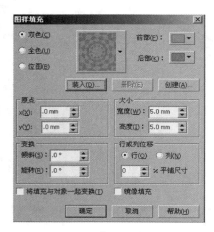

图2-3-34 【图样填充】设置

图2-3-35 图样填充后效果

三、针织衫

（一）针织衫实例效果（图 2-3-36）

图2-3-36 针织衫实例效果

（二）针织衫的绘制

1. 选择工具箱中的【钢笔】 或【贝塞尔】工具 绘制服装轮廓线（图2-3-37）。

2. 用【钢笔】工具，配合【Shift】键绘制两条垂直线，按住快捷键【Ctrl+G】群组，按住【+】键复制，并水平移至页面的另一端（图2-3-38）。

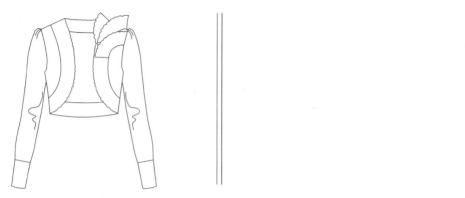

图2-3-37　绘制服装轮廓线　　　　　　　　图2-3-38　绘制垂直线并复制

3. 选择工具箱中【交互式调和】工具 ，将其调和（图2-3-39），在属性栏设置【步长】为"32"（图2-3-40）。

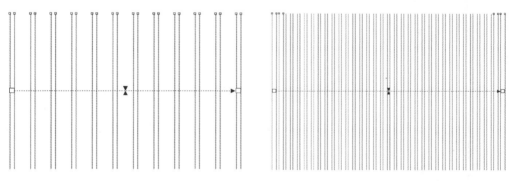

图2-3-39　使用【交互式调和】工具　　　　图2-3-40　【步长】设置后的效果

4. 选中调和后的线条组，按住【+】键复制，执行菜单【效果／图框精确剪裁／放置在容器中】命令（图2-3-41）。鼠标右键单击对象执行【编辑内容】命令，进入子页面，在子页面中旋转并缩放对象（图2-3-42）。

5. 用【选择】工具分别选中首尾线条，旋转至合适位置（图2-3-43），完成后点击左下方【完成编辑对象】按钮（图2-3-44）。

6. 重复操作步骤5，填充其他对象（图2-3-45）。

7. 打开工具箱中的【基本形状】工具 ，在上方属性栏中选择【半环】形状（图2-3-46）。在页面中拖动绘制，按住【+】键复制并移至页面的另一端（图2-3-47）。

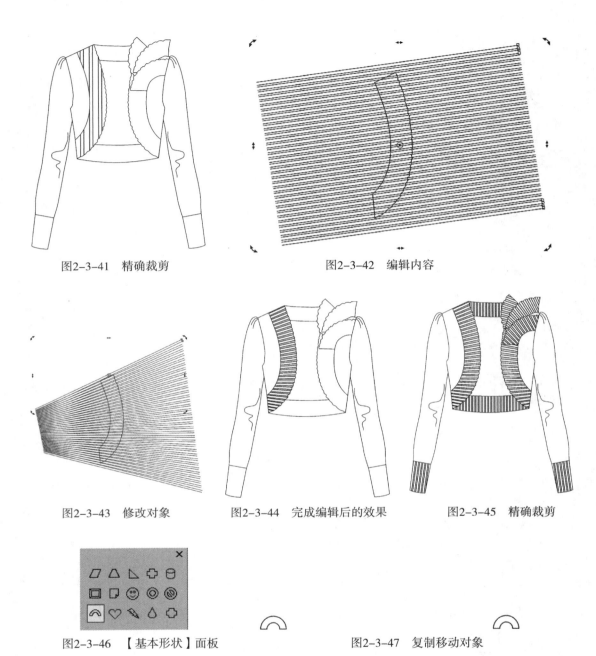

图2-3-41　精确裁剪　　　　　　　　　　　　图2-3-42　编辑内容

图2-3-43　修改对象　　　　图2-3-44　完成编辑后的效果　　　　图2-3-45　精确裁剪

图2-3-46　【基本形状】面板　　　　　　　　图2-3-47　复制移动对象

8. 选择工具箱中的【交互式调和】工具 ，将其调和，在属性栏设置【步长】为 "40"。鼠标右键单击执行【打散调和群组】命令，按住快捷键【Ctrl+G】将其群组，按住【+】键复制，点击属性栏中的【垂直镜像】按钮并下移至合适位置（图2-3-48）。

图2-3-48　调和对象并复制移动

9. 选中对象，按住【+】键复制，垂直移至页面下方（图2-3-49）。

图2-3-49　复制并垂直移动对象

10. 选择工具箱中【交互式调和】工具 ，将其调和。在属性栏设置【步长】为"30"（图2-3-50）。

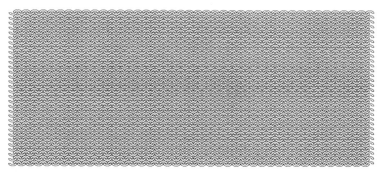

图2-3-50　使用【交互式调和】工具

11. 选中调和后的对象，执行菜单【效果 / 图框精确剪裁 / 放置在容器中】命令，然后鼠标右键单击对象执行【编辑内容】命令，进入子页面，在子页面下调整对象（图 2-3-51）。

12. 重复步骤 11，完成袖子的填充（图 2-3-52）。

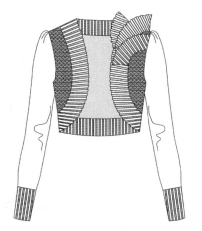

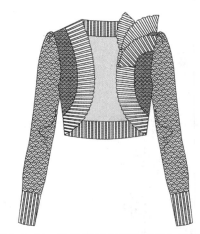

图2-3-51　衣身使用【精确裁剪】工具　　图2-3-52　袖子使用【精确裁剪】工具

13. 在【编辑内容】的子页面中，可以继续调整【步长】及首尾对象颜色，而产生不同的效果（图 2-3-53）。

图2-3-53　不同的效果

本章小结

1．【贝塞尔】工具、【钢笔】工具可以绘制任何复杂的图形对象。

2．【3点曲线】工具可以快速地绘制弧线及由弧线组合成的封闭区域。

3．【轮廓笔（F12）】工具可以改变对象轮廓的颜色、粗细、虚实等特性。

4．【空格】键是【挑选】工具的快捷键，利用空格键可以快速切换到【挑选】工具，再按下空格键，则切换回至原来的工具。

5．双击【挑选】工具，则可以选中工作区中所有的图形对象。

6．接触式选取对象，配合【Alt】键，按下鼠标并拖动，只要蓝色选框接触到的对象，都会被选中。

思考练习题

1．如何绘制变化的罗纹效果？

2．如何修改【图样填充】中的【前部】和【底部】的颜色及填充对象的【大小】？

3．完成下列款式图的绘制并填充。

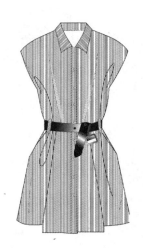

应用理论与训练——

第三章　服饰图案绘制实例

课题名称： 服饰图案绘制实例

课题内容： 【基本形状】工具

　　　　　　【变形】工具

　　　　　　【交互式调和】工具

　　　　　　【轮廓笔】工具

课题时间： 6课时

教学目的： 通过案例的演示与操作，要求学生掌握独立图案、二方连续、四方连续的绘制方法与技巧。

教学方式： 教师演示及课堂训练。

教学要求： 1．用CorelDRAW X5软件绘制各种独立图案的操作方法和技巧。

　　　　　　2．用CorelDRAW X5软件绘制二方连续图案的操作方法和技巧。

　　　　　　3．用CorelDRAW X5软件绘制四方连续图案的操作方法与技巧。

课前准备： 熟悉并掌握用CorelDRAW X5软件的各种工具的操作方法和技巧。

第三章 服饰图案绘制实例

　　服饰图案是一种既古老又现代的装饰艺术，是对某种物象进行概括提取，使之具有艺术性和装饰性的组织形式，通过抽象、提炼、变化、组合等方法和规则化可以创造出各种不同的形状。服饰图案对于服装能起到装饰、弥补和强调的作用。根据其构成的形式有规则和不规则两种。利用 CorelDRAW X5 的基本形状工具及旋转、复制等可以绘制出丰富多样的独立图案，二方连续图案及四方连续图案。

第一节　独立服饰图案

　　独立服饰图案一般包括单独纹样、适合纹样、边缘纹样、角纹样等几种，是指没有外轮廓及骨骼限制，可单独处理、自由运用的一种装饰纹样。它既可以作为独立的图案装饰服装，也可以作为二方连续、四方连续的基础图案，广泛地应用于服饰图案的设计中。

一、实例效果（图3-1-1）

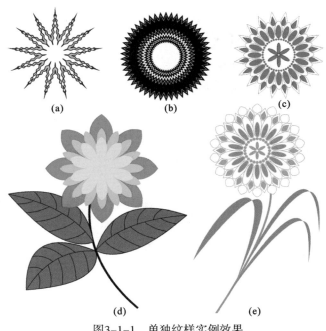

(a)　　　　(b)　　　　(c)

(d)　　　　(e)

图3-1-1　单独纹样实例效果

二、图3-1-1（a）绘制步骤

1. 选择工具箱中【星形】工具 ☆，在属性栏中设置【边数】数值为"10"，【角度】数值为"60" ☆ 10 ▲ 60，按住【Ctrl】键绘制星形图形（图 3-1-2）。

2. 选择工具箱中【交互式变形】工具 ，在属性栏中点击【拉链变形】按钮 ，设置【拉链失真振幅】数值为"5"，【拉链失真频率】数值为"10"， 5 10，然后点击【平滑变形】按钮 ，得到效果图（图 3-1-3）。（技巧：通过调节【边数】、【失真振幅】和【失真频率】可以改变对象造型）。

图3-1-2 绘制星形　　　　　图3-1-3 使用交互式变形后效果

3. 选中对象，在属性栏【边数】中输入数值"13"，按下【+】键复制，在属性栏中输入【角度】数值"77" ☆ 13 ▲ 77，将里面的颜色填充为"白色"，得到效果图（图 3-1-4）。

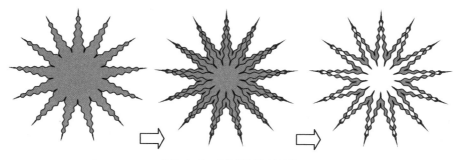

图3-1-4 复制并填充对象

三、图3-1-1（b）绘制步骤

1. 选择工具箱中【星形】工具 ☆，在属性栏【边数】中输入数值"5"，按住【Ctrl】键绘制一个正五角星。选择工具箱中【形状】工具，按住【Ctrl】键，选中任意一个节点向外拖动（图 3-1-5）。

2. 选中对象后，在属性栏中将【边数】数值改为"50" ☆ 50，得到效果图（图 3-1-6）。

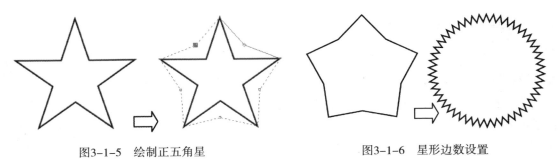

图3-1-5　绘制正五角星　　　　　　　　　　图3-1-6　星形边数设置

3. 选中对象后，按住【+键】复制，配合【Shift】键进行比例缩放，重复操作，得到效果图（图3-1-7）。

4. 填充颜色后的效果图（图3-1-8）。

图3-1-7　复制并缩放对象　　　　　　　　　图3-1-8　填充对象

四、图3-1-1(c)绘制步骤

1. 选择工具箱中【椭圆】工具 ，绘制一个椭圆。单击椭圆对象进入旋转状态，拖动中心点至椭圆下方合适位置，执行菜单【窗口／泊坞窗／变换／旋转】命令，弹出对话框，在对话框中输入【旋转角度】"60"，多次单击【应用到再制】按钮，填充色彩后按下快捷键【Ctrl+G】群组，得到 A 图（图3-1-9）。

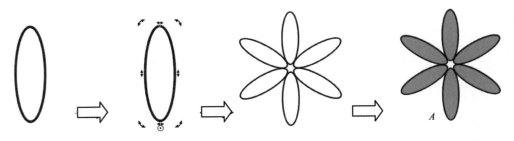

图3-1-9　绘制对象A

2. 选择工具箱中【椭圆】工具 ，绘制一个椭圆，按住【+】键复制，配合【Shift】键进行成比例缩小，选中后执行菜单【排列／对齐和分布／底端对齐】命令，并填充颜色，按下【Ctrl+G】群组，得到 B 图（图 3-1-10）。

3. 选中 B 图，再次单击 B 图，出现旋转中心，将旋转中心拖放至 A 图的旋转中心（两个旋转中心要重合。技巧：在页面中设置一条水平辅助线和垂直辅助线，两条辅助线的交点为 A 图的旋转中心）。执行菜单【窗口 / 泊坞窗 / 变换 / 旋转】命令，弹出对话框，输入【旋转角度】"18"，多次点击【应用到再制】按钮，得到效果图（图 3-1-11）。

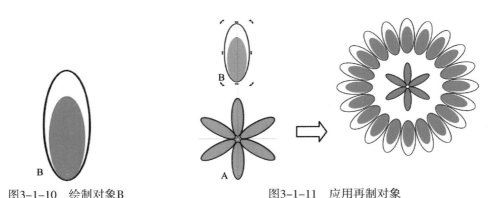

图3-1-10　绘制对象B　　　　　　　　　　图3-1-11　应用再制对象

4. 选择工具箱中【椭圆】工具 ◯，绘制一个椭圆，在属性栏【旋转】中输入数值"7.5"，鼠标右键单击执行【转换为曲线】命令，选中工具箱中【形状】工具，鼠标右键单击椭圆的上弧线执行【到直线】命令，得到效果图（图 3-1-12）。

5. 选中对象，按下【+】键复制，配合【Shift】键成比例缩小，执行菜单【排列 / 对齐和分布 / 底端对齐】命令，按下快捷键【Ctrl+G】群组，得到 C 图（图 3-1-13）。

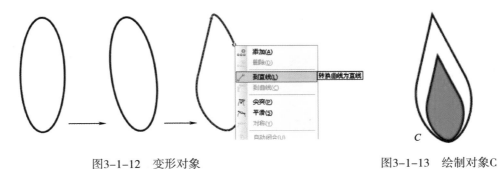

图3-1-12　变形对象　　　　　　　　　　图3-1-13　绘制对象C

6. 将 C 图的旋转中心点与 A 图的旋转中心重合，然后执行菜单【窗口 / 泊坞窗 / 变换 / 旋转】命令，弹出对话框，输入【旋转角度】"18"，多次点击【应用到再制】按钮，得到效果图（图 3-1-14）。

7. 选择工具箱中【椭圆】工具 ◯，按住【Ctrl】键绘制一个正圆，将旋转中心点与 A 图的旋转中心重合，然后执行菜单【窗口 / 泊坞窗 / 变换 / 旋转】命令，弹出对话框，输入【旋转角度】"9"，多次点击【应用到再制】按钮，得到效果图（图 3-1-15）。

图3-1-14 应用再制对象   图3-1-15 最后效果

五、图3-1-1(d)绘制步骤

1. 按住快捷键【Ctrl+N】或者执行【文件/新建】命令，新建文件。选择工具箱中【多边形】工具，在属性栏【边数】中输入数值"8"，按住【Ctrl】键绘制一个正八边形（图3-1-16）。

2. 选中对象后，选择【形状】工具，按住【Ctrl】键拖动红色处的节点向中间靠拢（图3-1-17）。

3. 选中对象，鼠标右键单击执行【转换为曲线】命令，用【形状】工具将直线转换为曲线，然后在边缘处拖动，得到效果（图3-1-18）。

  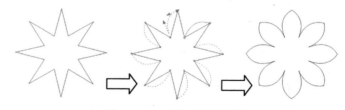

图3-1-16 绘制   图3-1-17   图3-1-18 对象变形后效果
正八边形   拖动节点

4. 选中对象，并填充为"红色"（图3-1-19）。

5. 选中对象后按住【+】键，并配合【Shift】键进行比例缩放，填充为"粉色"；再次按住【+】键复制并缩小，填充为"浅粉色"，得到效果（图3-1-20）。

6. 选择中间的花瓣，在属性栏的【边数】中输入数值"16"；选中最小的花瓣，在属性栏的【边数】中输入数值"10"。全选对象，右键单击左边【颜色】栏中的 ⊠ 按钮，去掉所有的外轮廓颜色（图3-1-21）。

7. 绘制叶子。选择工具箱【3点曲线】工具，绘制一条上弧线，然后从上弧线的出发点拖动至结束点绘制一条下弧线（下弧线的首尾两点必须与上弧线的首尾两点重合，形成封闭的对象才可以填充颜色）并填充绿色（图3-1-22）。

8. 用【3点曲线】工具绘制叶脉，完成后按住快捷键【Ctrl+G】群组（图3-1-23）。

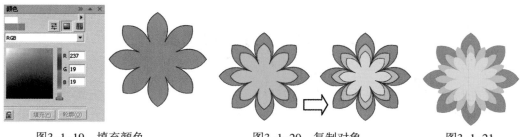

图3-1-19　填充颜色　　　　图3-1-20　复制对象　　　　图3-1-21
　　　　　　　　　　　　　　　　　　　　　　　　　　花瓣颜色完成

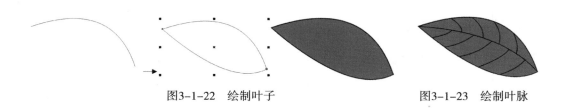

图3-1-22　绘制叶子　　　　　　　　图3-1-23　绘制叶脉

9. 选中对象,按住【+】键复制,单击属性栏中的【水平镜像】按钮 ，移动至合适位置,并旋转和变形处理（图 3-1-24）。

10. 用【3 点曲线】工具 绘制树茎,按住【+】键复制添加另外的叶子（图 3-1-25）。

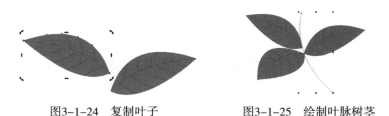

图3-1-24　复制叶子　　　　图3-1-25　绘制叶脉树茎

11. 选中树茎,按下快捷键【F12】,调出【轮廓笔】对话框,设置线条宽度为"1.0mm",勾选【按图像比例显示】,点击【确定】按钮，然后按住快捷键【Ctrl+G】群组（图3-1-26）。

12. 将叶子移至花朵的下方，得到效果（图 3-1-27）。

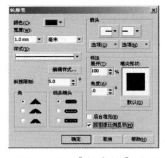

图3-1-26　【轮廓笔】设置

图3-1-27　最后效果

第二节　二方连续图案

二方连续图案是指以一个或几个单位纹样，在两条平行线之间的带状形平面上，作有规律的排列并以向上下或左右两个方向反复循环所构成的带状形纹样。二方连续图案由于具有重复、条理、节奏等形式，应用广泛。例如原始社会的彩陶器，商周青铜器，汉代漆器以及各少数民族的服饰中经常可以见到。

一、实例效果（图3-2-1）

图3-2-1　二方连续纹样实例效果

二、绘制步骤

第一阶段：

1. 绘制底板。按住快捷键【Ctrl+N】或者执行菜单【文件/新建】命令，新建一个文件。在工具箱中选择【矩形】工具 ▭，绘制一个矩形，在属性栏【对象大小】中输入"200mm×50mm"（图3-2-2）。

2. 选择工具箱中【椭圆】工具 ◯（快捷键【F7】），按住【Ctrl】键绘制一个正圆，然后用【矩形】工具 ▭，绘制一个矩形，点击属性栏中的【修剪】按钮，选中矩形按住【Delete】键将其删除，得到半圆（图3-2-3）。

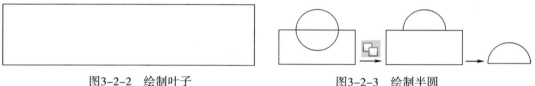

图3-2-2 绘制叶子   图3-2-3 绘制半圆

3. 选中半圆，按下【+】键复制，移至到页面的另一端，执行【排列/对齐和分布/底端对齐】命令（图3-2-4）。

4. 选择工具箱中【交互式调和】工具 ▦，将 A 图拖至 B 图，设置属性栏中【步长】为"11" ▦ 11 ▾▴ ，得到效果（图3-2-5）。

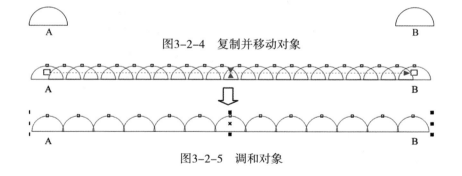

图3-2-4 复制并移动对象

图3-2-5 调和对象

5. 将半圆移至矩形的上边缘。分别选中首尾半圆配合键盘上的左右方向键【←】【→】可以调节位置（图3-2-6）。

6. 选中半圆，鼠标右键单击执行【打散调和群组】命令（快捷键【Ctrl+K】），然后按下快捷键【Ctrl+G】将其群组（图3-2-7）。

7. 选中半圆和矩形，点击属性栏中的【焊接】按钮 ▱，将对象焊接，得到效果（图3-2-8）。

8. 选中对象，按下【+】键复制，点击属性栏中【垂直镜像】按钮 ▤，将其向下移动。全选对象后执行【排列/对齐和分布/左对齐】命令，再点击【焊接】按钮（图3-2-9）。

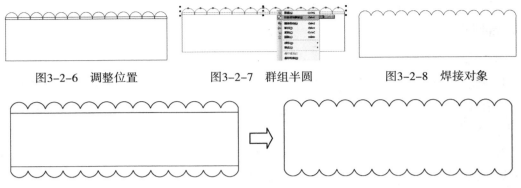

图3-2-6　调整位置　　　　　图3-2-7　群组半圆　　　　　图3-2-8　焊接对象

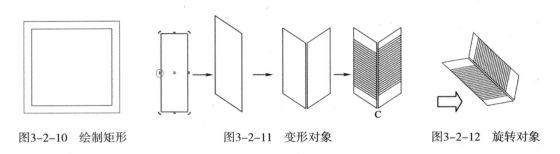

图3-2-9　焊接对象

第二阶段：

9. 绘制单元图案。选择工具箱中【矩形】工具 ▢，配合【Ctrl】键绘制一个正方形，按下【+】键复制，配合【Shift】键拖动任意的角点，等比例缩放（图3-2-10）。

10. 用【矩形】工具 ▢ 绘制一个矩形，鼠标再次单击进入旋转状态，按住鼠标左键拖动红色区域，将其变形。然后执行【复制】及【左右镜像】命令，并用【钢笔】工具添加一些细节后按快捷键【Ctrl+G】群组，得到 C 图（图3-2-11）。

11. 选中 C 图，在属性栏中【角度】输入"45" ↻ 45 ，将其旋转（图3-2-12）。

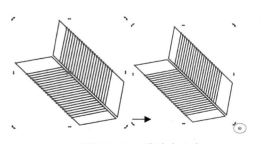

图3-2-10　绘制矩形　　　　図3-2-11　变形对象　　　　図3-2-12　旋转对象

12. 选中对象，再次单击对象进入旋转状态，用鼠标拖动中心点（红色圈）至合适位置（图3-2-13）。

13. 选中对象后，执行菜单【窗口/泊坞窗/变换/旋转】命令，在【旋转】面板中输入角度"90"，然后点击【应用到再制】按钮，按下快捷键【Ctrl+G】将 D 图群组（图3-2-14）。

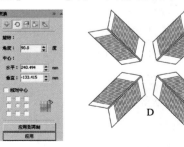

图3-2-13　移动中心点　　　　　　　　図3-2-14　应用再制对象

14. 将 D 图放入正方形中,选中小正方形(红线)和 D 图,执行【排列 / 对齐和分布 / 垂直居中对齐】命令。选中两个正方形(红线和黑线),点击属性栏中的【修剪】按钮 ,各自填充颜色,得到效果(图 3-2-15)。

15. 选择工具箱中【基本形状】工具,点击属性栏中的【水滴】图形,绘制一个【水滴】图形(图 3-2-16)。

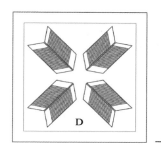
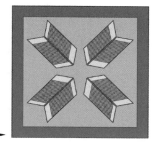

图3-2-15　修剪并填充对象　　　　　　图3-2-16　【基本形状】面板

16. 将【水滴】图形的中心点拖放至 D 图的【旋转中心】,然后执行【窗口 / 泊坞窗 / 变换 / 旋转】命令,在对话框中输入角度"90",点击【应用到再制】按钮,得到效果(图 3-2-17)。

17. 按照同样的方法,再添加一个【心形】图形,并执行【应用到再制】,填充颜色后按快捷键【Ctrl+G】群组,得到效果(图 3-2-18)。

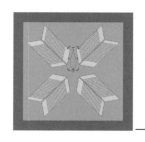
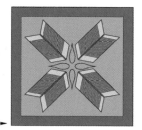

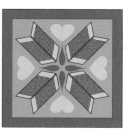

图3-2-17　应用再制　　　　　　　　　图3-2-18　最后效果

第三阶段:

18. 将单元图案放置在底板中调整。选中单元图案,在属性栏【旋转】中输入"45" ,并移至底板中,复制后再水平移动,得到效果(图 3-2-19)。

19. 执行菜单【视图 / 辅助线】命令,在页面中拖出两条垂直辅助线放置在底板的首尾。将左边单元图案中心对齐左边辅助线,右边单元图案中心对齐右边辅助线(图 3-2-20)。(垂直辅助线操作技巧:鼠标放置在垂直标尺上,按下鼠标左键不松手往页面中拖动即可)。

图3-2-19　复制移动　　　　　　　　　　　　　　图3-2-20　边缘对齐

20．选择工具箱中【交互式调和】工具 ，进行单元图案的调和，设置属性栏中的【步长数】为"3"，可以调节疏密，鼠标右键单击执行【打散调和群组】命令（图 3-2-21）。

图3-2-21　交互式调和

第四阶段：

21．添加纹样内容。打开工具箱中【基本形状】工具 ，在属性栏中选择【心形】图案，在页面中绘制一个【心形】，鼠标右键单击执行【转换为曲线】命令，选择凹处的节点向上拖动至效果满意为止（图 3-2-22）。

22．选中对象后，再次单击对象，进入旋转状态，将中心点拖放至下方。执行菜单【窗口 / 泊坞窗 / 变换 / 旋转】命令，在【旋转】面板中输入角度"45"，然后点击【应用到再制】按钮，按下快捷键【Ctrl+G】将 E 图群组（图 3-2-23）。

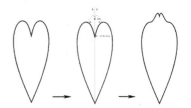 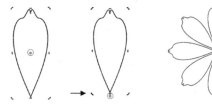

图3-2-22　变形对象　　　　　　　　　图3-2-23　变形后应用旋转再制命令

23．选中 E 图后，右键单击【颜色栏】中的 ⊠ 按钮，去掉轮廓颜色，左键单击【颜色栏】中的 ▦ 按钮填充为"紫色"，并将对象放置在合适位置（图 3-2-24）。

24．按住【+】键复制多个 E 图（图 3-2-25）。

25．选中所有的 E 图，执行菜单【排列 / 对齐和分布 / 顶端对齐】命令，弹出对话框（图 3-2-26）。然后执行【对齐和分布 / 分布 / 横向 / 间距】命令，按下快捷键【Ctrl+G】群组所有 E 图，按下【+】键，复制后并移至下方合适位置（图 3-2-27）。

图3-2-24　填充对象　　　　　　　　　　　　图3-2-25　复制对象

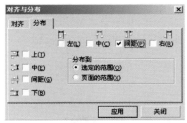

图3-2-26　【对齐分布】对话框　　　　　　　图3-2-27　分布复制后效果

26. 选择工具箱中【矩形】工具绘制两个矩形,边缘分别对齐两条辅助线(图3-2-28)。

图3-2-28　绘制矩形

27. 选中左边的矩形和下方的图案,单击属性栏中的【修剪】按钮 ⬚。按照同样的方法,修剪右边的图案(图3-2-29)。

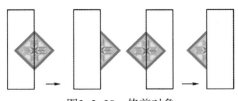

图3-2-29　修剪对象

28. 选中矩形,按住键盘上的【Delete】键将其删除,得到最后效果(图3-2-30)。

图3-2-30　最后效果

第三节　四方连续图案

四方连续图案是由一个纹样或几个纹样组成一个单位，向上下、左右四个方向重复排列而成，可向四周无限扩展，其基本结构有散点式、连缀式和重叠式。四方连续的排列比较复杂，它不仅要求纹样造型严谨生动、主题突出、层次分明、穿插得当，还必须注意连续后所产生的整体艺术效果。主要应用于墙纸、壁面、陶瓷地砖、印花布、丝绸等领域。

一、实例效果（图3-3-1、图3-3-2）

图3-3-1　效果一

图3-3-2　效果二

二、图3-3-1绘制步骤

1. 绘制基本图案。按住快捷键【Ctrl+N】或者执行菜单【文件/新建】命令，新建一个文件。

2. 选择工具箱中的【复杂星形】工具,配合【Ctrl】键绘制一个正星形图案 A。然后用【形状】工具将其变形为图案 B，在属性栏设置不同的【边数】和【锐度】，可以改变形状为图案 C。按【+】键复制，并配合【Shift】键将其缩放，重复操作并填充不同的颜色，得到图案 D（图 3-3-3）。

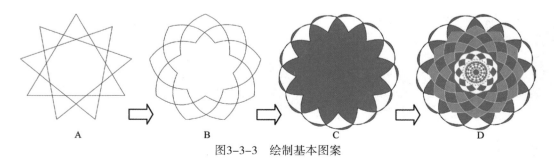

A　　　　　　　　B　　　　　　　　C　　　　　　　　D

图3-3-3　绘制基本图案

3. 选择工具箱中的【椭圆】工具，配合【Ctrl】键绘制两个正圆，选中两个正圆后点击属性栏中【修剪】按钮 ，填充颜色。然后绘制一个四边形，将其中心点移至环形图的中心，执行【窗口 / 泊坞窗 / 变换 / 旋转】命令，在面板中输入【角度】"15"，多次点击【应用到再制】按钮。重复上述操作，添加【心形】图案，得到图案 E（图 3-3-4）。

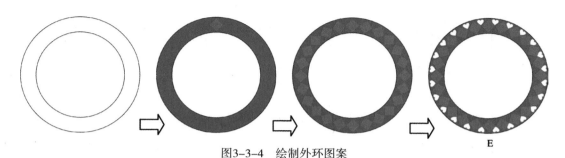

图3-3-4 绘制外环图案

4. 选中图案 D 和图案 E，执行菜单【排列 / 对齐和分布 / 水平居中对齐】命令后再执行【垂直居中对齐】命令，完成后按住快捷键【Ctrl+G】将其群组（图 3-3-5）。

5. 选中群组后的对象，在属性栏查看其尺寸大小 。执行菜单【窗口 / 泊坞窗 / 变换 / 位置】命令，打开面板（图 3-3-6），在水平位置输入数值 "73.276" mm，点击【应用到再制】按钮，得到效果（图 3-3-7）。

图3-3-5 对齐对象　图3-3-6 【变换】位置面板　图3-3-7 复制移动对象

6. 全选对象，在面板中【垂直】位置输入数值 "-73.276" mm，得到效果，并按住快捷键【Ctrl+G】将其群组（图 3-3-8）。

7. 选择工具箱中【多边形】工具在空隙处绘制一个四边形，然后用【形状】工具配合【Shift】键将其修改成锐角菱形，点击工具箱中【交互式轮廓图】工具，设置属性栏中【轮廓图步长】为 "3"，按下【顺时针轮廓图颜色】按钮 ，得到效果（图 3-3-9）。

8. 选中菱形图和圆形图，执行【排列 / 对齐和分布 / 水平居中对齐】命令后再执行【垂直居中对齐】命令，完成后按住快捷键【Ctrl+G】将其群组（图 3-3-10）。

9. 选择工具箱中【矩形】工具，绘制一个 "73.276mm×73.276mm" 的正方形。选中图案执行【效果 / 图框精确裁剪 / 放置在容器中】命令，得到效果并去掉正方形的轮廓色（图 3-3-11）。

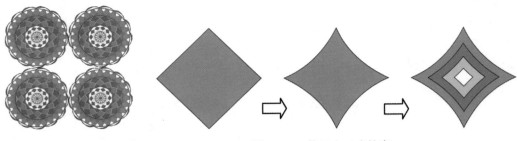

图3-3-8　复制并群组对象　　　　　　　　图3-3-9　使用交互式轮廓

图3-3-10　对齐群组对象

图3-3-11　精确裁剪对象

10. 复制并精确移动，得到最后效果（图 3-3-12）。

图3-3-12　最后效果

三、图3-3-2绘制步骤

1. 按住快捷键【Ctrl+N】或者执行菜单【文件 / 新建】命令，新建一个文件。

2．选择工具箱中【矩形】工具，绘制一个"150mm×150mm"的正方形，调出图 3-1-1（d）作为基础图案（图 3-3-13）。

3．选中花卉图案，通过【复制】、【旋转】、【镜像】、【缩放】等命令的操作，大概放置好图案（图 3-3-14）。（注意：边框外的上下、左右图案要尽可能吻合）

4．按住快捷键【Ctrl+A】全选对象，按住【Shift】键单击正方形，去掉正方形的选择。执行菜单【效果 / 图像精确裁剪 / 放置在容器中】得到 A 图（图 3-3-15）。

图3-3-13　基础图案　　　　图3-3-14　复制并移动对象　　　　图3-3-15　精确裁剪对象

5．选中 A 图，执行菜单【窗口 / 泊坞窗 / 变换 / 位置】命令，弹出对话框（图 3-3-16），在水平位置输入数值"150.0"，然后单击【应用到再制】按钮，得到 B 图（图 3-3-17）。

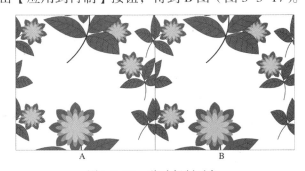

图3-3-16　【变换】面板　　　　图3-3-17　移动复制对象

6．选中 B 图，鼠标右键单击执行【提取内容】命令（图 3-3-18）。

7．用【选择】工具将 B 图中左边 3 个花朵与 A 图中右边的 3 个花朵完全对接，其余的图案均保持不动（图 3-3-19）。

8．选中 A 图，单击【Delete】键，删除 A 图（图 3-3-20）。

9．按住快捷键【Ctrl+A】全选 B 图对象，按住【Shift】键单击正方形，去掉正方形的选择。执行菜单【效果 / 图像精确裁剪 / 放置在容器中】命令，得到效果（图 3-3-21）。

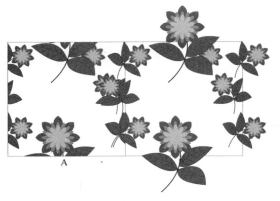

图3-3-18　提取内容

图3-3-19　对齐对象

图3-3-20　删除A图

图3-3-21　精确裁剪

10. 选中 B 图，执行菜单【窗口 / 泊坞窗 / 变换 / 位置】命令，弹出对话框，设置【垂直】参数值"150.0"，然后点击【应用到再制】按钮，得到 C 图（图 3-3-22）。

11. 选中 C 图，鼠标右键单击执行【提取内容】命令（图 3-3-23）。用【选择】工具将 C 图中下边的大花朵与 B 图中上边的大花朵完全对接，其余的图案均保持不动（图3-3-24）。

12. 选中 B 图，单击【Delete】键，删除 B 图（图 3-3-25）。

13. 按住快捷键【Ctrl+A】全选 C 图对象，按住【Shift】键单击正方形，去掉正方形的选择。执行菜单【效果 / 图像精确裁剪 / 放置在容器中】命令，得到效果（图 3-3-26）。

14. 在图案中央空白处添加一些细节（不能超出正方形边框），得到效果（图 3-3-27）。

15. 选中正方形，打开【底纹填充 / 带状孔雀石】填充 ▨ （图 3-3-28），得到最后效果（图 3-3-29）。

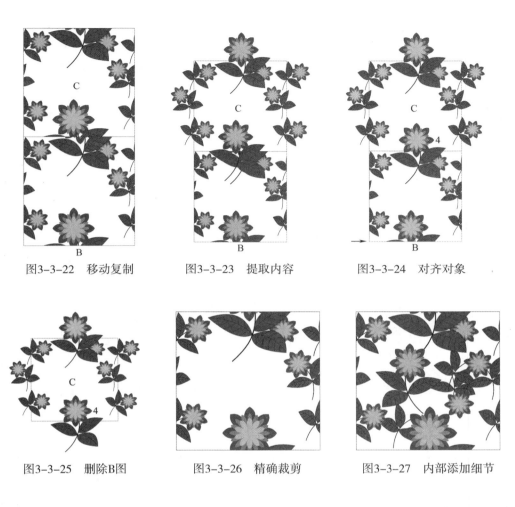

图3-3-22 移动复制　　　图3-3-23 提取内容　　　图3-3-24 对齐对象

图3-3-25 删除B图　　　图3-3-26 精确裁剪　　　图3-3-27 内部添加细节

图3-3-28 【底纹填充】对话框

图3-3-29 最后效果

本章小结

1.【交互式变形】工具可以快速地改变基本形状的造型。

2.【旋转及应用到再制】命令，可以快速地绘制有规则的图形对象。

3．【修剪】工具可以将目标对象交叠在源对象上的部分剪裁掉。

4．【位置】面板可以精确的移动对象。

5．【精确裁剪】命令可以把一个对象放置到另一个对象内部，并且可以修改内部对象。

思考练习题

1．如何应用及操作【变形】工具的【推拉变形】、【拉链变形】及【扭曲变形】？

2．如何应用【旋转】面板中的【应用到再制命令】绘制有规则的花卉图案？

3．如何利用所学工具绘制适合纹样？

4．完成下列图案的绘制。

应用理论与训练——

第四章　服装面料绘制实例

课题名称：服装面料绘制实例

课题内容：【形状】工具

　　　　　　【精确裁剪】工具

　　　　　　【转换为位图】工具

　　　　　　【模糊及杂点】工具

课题时间：6课时

教学目的：通过案例的演示与操作步骤，要求学生掌握机织面料、针织面料、网眼面料、镂空面料的绘制方法与技巧。

教学方式：教师演示及课堂训练。

教学要求：1. 用CorelDRAW X5软件绘制牛仔面料、各种格子面料及呢子面料。

　　　　　　2. 用CorelDRAW X5软件绘制细平纹针织及花样针织面料。

　　　　　　3. 用CorelDRAW X5软件绘制网眼面料及镂空印花面料。

课前准备：熟悉并掌握CorelDRAW X5软件的各种工具的操作方法和技巧。收集各种面料的图片，并分析其基本单元图形的结构造型。

第四章　服装面料绘制实例

　　服装面料主要包括机织面料，针织面料，由于其织造方式的不同，各种面料呈现的外观特征也是变化万千。因此，在绘制服装面料的时候一定要准确把握不同面料的外观肌理，单元组织的正确形态以及质感的处理。CorelDRAW X5 工具，尤其是【钢笔】工具、【交互式调和】工具、【交互式变形】工具、【转换为位图】工具等对于服装面料的绘制非常方便，可以快速地完成牛仔面料、格子面料、呢子面料、针织面料和镂空印花面料的绘制。

第一节　机织面料

一、牛仔面料

（一）牛仔面料实例效果（图 4-1-1）

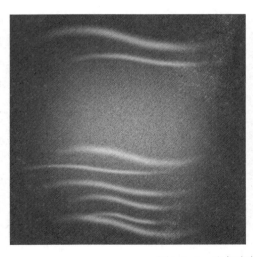

图4-1-1　牛仔实例效果

（二）牛仔面料的绘制

　　1. 按住【Ctrl+N】组合键新建文件。选择【矩形】工具（快捷键【F6】），绘制一个

"150mm×150mm"的正方形。打开工具箱中【均匀】填充面板（快捷键【Shift+F11】），设置（图4-1-2），填充牛仔蓝色（图4-1-3）。

2. 选择【矩形】工具，绘制一个细条矩形，左键单击右方【颜色栏】中的 ■ 色块，单击右键 ⊠ 去掉轮廓色。在属性栏【旋转】中输入数值"315.0" ↻ 315.0，按住【+】键复制细条矩形，分别移至正方形的左上角和右下方（图4-1-4）。

图4-1-2　颜色设置

图4-1-3　单色填充

图4-1-4　旋转并复制

3. 打开工具箱中【交互式调和】工具 ⧉，在属性栏中输入【步长】"100" ⧉ 100（图4-1-5）。

4. 选中调和后的对象，执行【效果/图像精确剪裁/放置在容器中】命令，放置在正方形中（图4-1-6）。

5. 选中对象，执行菜单【位图/转换为位图】命令，弹出对话框（图4-1-7），参数设置完成后点击【确定】按钮，此时对象由原来的矢量图转换成位图。

图4-1-5　交互式调和

图4-1-6　精确裁剪

图4-1-7　转换为位图

6. 选中位图，执行菜单【位图/杂点/添加杂点】，弹出对话框，设置后点击【确定】按钮（图4-1-8）。

7. 选择工具箱中【椭圆】工具 ◯ 绘制一个椭圆，填充白色并去掉轮廓色（图4-1-9）。选中椭圆，执行菜单【位图/转换为位图】命令，弹出对话框，参数设置完成后点击【确定】（图4-1-10）。

8. 选中椭圆，执行【位图/模糊/高斯模糊】命令，弹出对话框，参数设置完成后点击【确定】按钮，得到效果（图4-1-11），参数设置可以通过预览来调节。

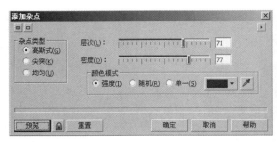

图4-1-8　添加杂点　　　　　图4-1-9　绘制椭圆　　图4-1-10　转换为位图

　　9. 绘制猫须效果。选择工具箱中【贝塞尔】工具 ，绘制一条曲线（图 4-1-12）。

图4-1-11　添加杂点　　　　　　　　　　　　　图4-1-12　绘制曲线

　　10. 选中曲线，然后选择工具箱中【艺术笔】工具 ，在【预设笔触列表】中点选一个笔触，填充白色，去掉轮廓色，并执行菜单【位图 / 转换为位图】命令（图 4-1-13）。

　　11. 选中【艺术笔】，执行菜单【位图 / 模糊 / 高斯模糊】命令，在弹出的对话框中设置参数【半径】为"19.0"像素后点击【确定】按钮（图 4-1-14）。

　　12. 按住【+】键，复制，并缩放、移动，最后效果（图 4-1-15）。如果对效果不满意，还可以继续调整杂点和模糊等命令。

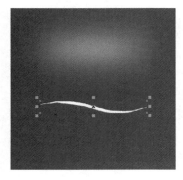
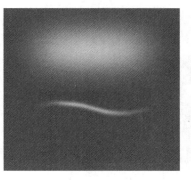
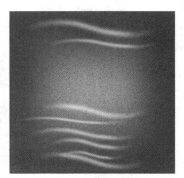

图4-1-13　艺术笔　　　　　图4-1-14　高斯模糊　　　　图4-1-15　复制并移动

二、格子状面料

（一）格子状面料实例效果（图4-1-16）

图4-1-16　格子面料实例效果

（二）千鸟格面料的绘制

1. 按住【Ctrl+N】组合键新建文件。选择工具箱中【矩形】工具（快捷键【F6】），绘制一个"50mm×50mm"的正方形，在属性栏【旋转】角度输入数值 🔄 45.0 （图4-1-17）。

2. 选择工具箱中【矩形】工具绘制一个"15mm×70mm"的长方形,放置在菱形的左边,单击长方形进入旋转状态，按下鼠标左键不松手拖动中间的箭头往下移动至菱形边缘（图4-1-18）。

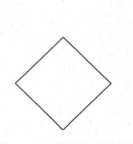

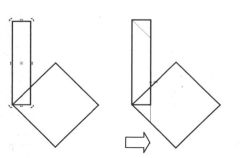

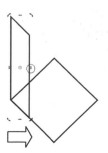

图4-1-17　绘制矩形并旋转　　　图4-1-18　绘制矩形并倾斜

3. 选中长方形，按下【+】键复制，单击上方属性栏中的【水平镜像】按钮 ，并移动至菱形的右边。然后全选对象，点击属性栏中的【焊接】按钮 ，得到效果（图4-1-19）。

4. 选择工具箱中【矩形】工具绘制一个"20mm×70mm"的长方形，边缘与菱形的下方角点对齐。单击长方形进入旋转状态，按下鼠标左键不松手拖动中间的箭头向上移动至菱形边缘（图4-1-20）。

5. 选中长方形，按下【+】键复制，单击上方属性栏中的【水平镜像】按钮 ，并移动至菱形的右边。然后全选对象，点击属性栏中的【焊接】按钮 ，得到效果（图4-1-21）。

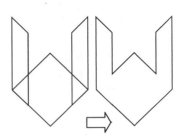 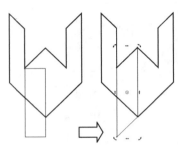 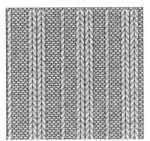

图4-1-19 复制并焊接　　　图4-1-20 绘制矩形并倾斜　　　图4-1-21 复制并焊接

6. 选中焊接后的对象，填充黑色，并旋转"315"，按下快捷键【F12】，弹出对话框，勾选【按图像比例显示】，完成后点击【确定】按钮（图4-1-22）。

7. 选中对象,配合【Shift】键等比例缩小。按下【+】键复制,并垂直移动至页面的下方。打开工具箱中【交互式调和】工具 ，在上方属性栏中输入【步长】"15"。鼠标右键单击执行【打撒调和群组】命令（快捷键【Ctrl+K】），然后按下快捷键【Ctrl+G】群组（图4-1-23）。

8. 按下【+】键复制，水平移至页面的右边，然后应用【交互式调和】工具，得到效果（图4-1-24）。（技巧：在没有执行上一次调和的【打散调和群组】命令前提下，不可以进行第二次对象的调和操作）

 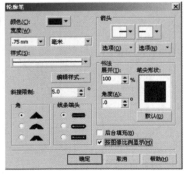  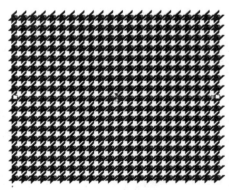

图4-1-22 旋转并设置轮廓　　　图4-1-23　　　图4-1-24 调和
复制并调和

9. 打开一幅矢量款式图（图 4-1-25）。

10. 将绘制好的千鸟格面料执行菜单【效果 / 图像精确剪裁 / 放置在容器中】命令，填充在服装上，得到最后效果（图 4-1-26）。

图4-1-25　矢量款式图　　　图4-1-26　精确裁剪填充于服装

（三）菱形格子的绘制

1. 选择工具箱中【钢笔】工具 ✎，配合【Shift】键绘制一条"150.0mm"长的垂直线 。打开【交互式变形】工具 ✿，在上方属性栏中选择【拉链变形】，设置【拉链失真振幅】为"20"，【失真频率】为"20" ⬚ ✿ ↗ ⬚ ✦ ～20 ⬆ ～20 ⬆，得到效果（图 4-1-27）。

2. 选择折线，按下【+】键复制，单击属性栏中的【水平镜像】按钮 🔳。选中两条折线，观察属性栏中的【对象大小】7.5mm／150.0mm，执行菜单【窗口 / 泊坞窗 / 变换 / 位置】命令，在【变换】面板中，水平位置输入数值"7.5mm"，多次点击【应用到再制】按钮，得到效果（图 4-1-28）。

3. 全选对象，按下【+】键复制，执行菜单【排列 / 闭合路径 / 最近的节点和直线】命令，填充颜色（图 4-1-29），多次按下键盘上的【右方向】键至合适位置（图 4-1-30）。

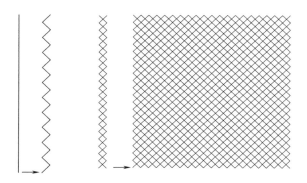

图4-1-27　变形　　　图4-1-28　复制后镜像并再制　　　图4-1-29　闭合路径并填充

4．选中紫色对象，鼠标右键单击执行【顺序 / 到页面后面】命令。用【矩形】工具绘制一个"150mm×150mm"的正方形，将做好的菱形格子执行菜单中【效果 / 图像精确剪裁 / 放置在容器中】命令填充至正方形中（图 4-1-31）。

5．选中面料，执行菜单【位图 / 转换为位图】命令，然后选择【添加杂点】和【模糊】等命令，得到最后的效果（图 4-1-32）。

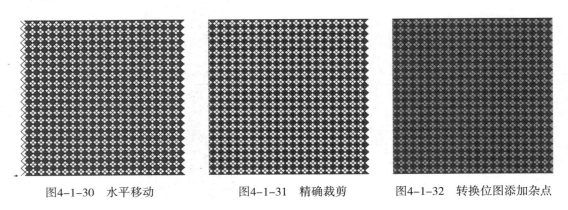

图4-1-30　水平移动　　　　图4-1-31　精确裁剪　　　　图4-1-32　转换位图添加杂点

（四）毛呢格子的绘制

1．选择工具箱中【矩形】工具绘制一个"100mm×100mm"的正方形，按下快捷键【Shift+F11】调出【均匀填充】面板，填充颜色，并去掉外轮廓色（图 4-1-33）。

2．用【钢笔】工具配合【Shift】键在正方形上方边缘处绘制一条水平线，按下【+】键，移动复制到正方形的下方边缘，全选对象后执行菜单【排列 / 对齐与分布 / 垂直居中对齐】命令（图 4-1-34）。

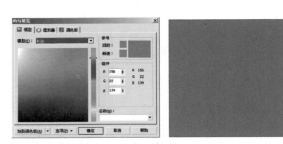

图4-1-33　单色填充矩形　　　　　　　图4-1-34　绘制水平线并复制后对齐

3．打开工具箱中【交互式调和】工具，设置【步长】为"5"。然后鼠标右键单击执行【打散调和群组】命令，按下【Ctrl+G】组合键群组（图 4-1-35）。

4．选中线条，按下【+】键复制，在属性栏【旋转】角度输入"90"，按【Enter】键，得到效果（图 4-1-36）。

5．选中横向和纵向线条，执行菜单【效果 / 图像精确剪裁 / 放置在容器中】命令，将其放置在正方形中（图 4-1-37）。

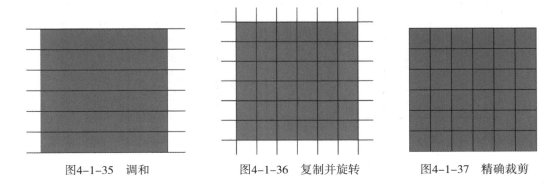

图4-1-35　调和　　　　　　　　　图4-1-36　复制并旋转　　　　　　　图4-1-37　精确裁剪

6. 用工具箱中【矩形】工具绘制一个小正方形，填充颜色并去掉外轮廓色，按下【+】键复制，移至合适位置，选中两个小正方形执行菜单【排列／对齐与分布／左边对齐】命令（图4-1-38）。

7. 用工具箱中【钢笔】工具，在小正方形上各绘制一条对角线，打开【交互式调和】工具，进行对角线的调和（图4-1-39）。

8. 选择两个小正方形，单击鼠标右键执行【顺序／到页面前面】命令，按下【Shift】键加选白色斜线条，按【Ctrl+G】组合键将所选对象群组（图4-1-40）。

　　　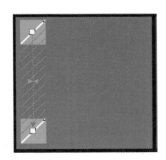　　　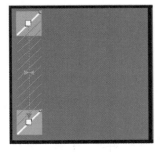

图4-1-38　绘制正方形　　　　图4-1-39　绘制对角线并调和　　　　图4-1-40　调整顺序并群组

9. 选中群组后的对象，按下【+】键复制，移至右边合适位置，并执行【顶端对齐】（图4-1-41）。按下【+】键复制，在属性栏【旋转】中输入数值"90"，按【Enter】键，得到效果（图4-1-42）。如果小正方形没有完全对齐，可以选中对象后，单击鼠标右键执行【取消群组】，然后进行位置的微调，直到满意为止。

10. 选中所有小正方形和白色斜线条，按住【Ctrl+G】组合键将其群组（图4-1-43），按【+】键复制并移动至第二个方格内，然后按下4次【Ctrl+D】组合键（图4-1-44）。

11. 重新调整最上面和最下面方格内对象的位置，然后选中所有的小正方形和斜线条，执行菜单【排列／对齐和分布／垂直居中对齐】以及【对齐和分布／分布】设置如下，完成后点击【应用】按钮，按下组合键【Ctrl+G】群组，得到效果（图4-1-45）。

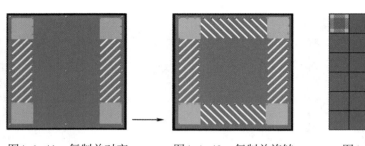

图4-1-41　复制并对齐　　　图4-1-42　复制并旋转　　　图4-1-43　群组

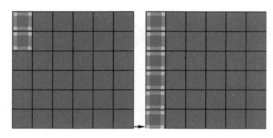

图4-1-44　再制对象

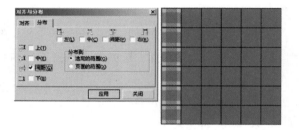

图4-1-45　分布对象

12. 选中群组小正方形和斜线条，按【+】键复制并移动至第二排方格内（图4-1-46），然后按下4次【Ctrl+D】组合键。如果位置有偏移，同样只需要对准第一列和最后一列，然后选中所有的列，执行菜单【排列／对齐和分布／垂直居中对齐】以及【对齐和分布／分布】命令来调整（图4-1-47）。

13. 全选对象，执行菜单【位图／转换为位图】命令。然后执行【高斯模糊】和【添加杂点】命令，得到效果（图4-1-48）。

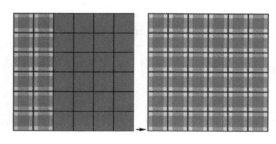

图4-1-46　复制对象　　　图4-1-47　再制对象

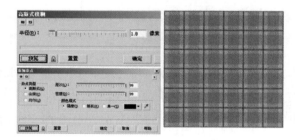

图4-1-48　转换为位图

14. 打开一幅矢量款式图（图4-1-49）。将绘制好的毛呢格面料执行菜单【效果／图像精确剪裁／放置在容器中】命令，填充在服装上，得到最后效果（图4-1-50）。

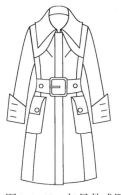

图4-1-49　矢量款式图

图4-1-50　精确裁剪并调整内容

三、呢子面料

（一）呢子面料实例效果（图 4-1-51）

图4-1-51　呢子面料实例效果

（二）人字呢面料的绘制

1. 按住【Ctrl+N】组合键新建文件。选择【矩形】工具（快捷键【F6】），绘制一个"30mm×30mm"的正方形，属性栏中轮廓宽度设置为 ⚬ 1.0 mm ，旋转角度数值"45"，

⟳ 45.0 （图4-1-52）。

2. 选择【矩形】工具，再绘制一个长方形，位于菱形的上方，长方形底边对准菱形的对角线（图4-1-53）。

3. 分别选中长方形和菱形，执行属性栏中的【修剪】按钮 ⌐，菱形上半部分被减掉，形成三角形，然后移除上方的长方形（图4-1-54）。

4. 选中三角形，执行菜单【排列/将轮廓转换为对象】命令，此时三角形原来的线条轮廓线转换成由多个节点组成的对象（图4-1-55）。

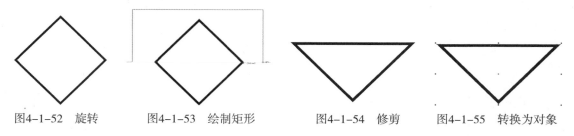

图4-1-52 旋转　　　　图4-1-53 绘制矩形　　　　图4-1-54 修剪　　　　图4-1-55 转换为对象

5. 选择【形状】工具 ⬚，按下【Shift】键点选红色处的4个节点（图4-1-56），然后单击上方属性栏中的【断开曲线】按钮 ⊢（图4-1-57），然后鼠标右键单击右方【颜色栏】中的黑色 ■，添加轮廓色（图4-1-58）。

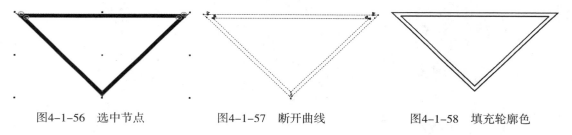

图4-1-56 选中节点　　　　图4-1-57 断开曲线　　　　图4-1-58 填充轮廓色

6. 选中三角形，单击鼠标右键执行【打散曲线】命令，选中红色和绿色线段，按下【Delete】键将其删除（图4-1-59）。

7. 全选剩余的对象，执行菜单【排列/闭合/最近的节点和直线】命令，对象闭合并填充（图4-1-60）。

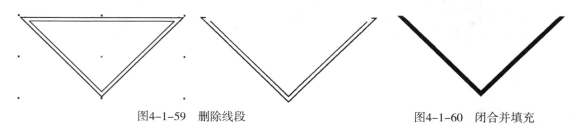

图4-1-59 删除线段　　　　　　　图4-1-60 闭合并填充

8. 选择【矩形】工具绘制两个矩形，位于两端。分别选中矩形和填充的对象后，点击上方属性栏中的【修剪】按钮 ⌐，然后移除矩形，得到效果（图4-1-61）。

9. 选中对象后,按下【+】键复制,并垂直移动至下方,打开【交互式调和】工具 🖳,【步长】设置为 "60",进行调和得到效果(图 4-1-62)。

10. 选中调和后的对象,观察属性栏中对象大小的数值 ↔40.134 mm ↕197.959 mm,然后执行菜单【窗口 / 泊坞窗 / 变换 / 位置】命令,对象左侧弹出【变换】面板,在【水平】中输入对象的宽度,多次点击【应用到再制】按钮,得到效果(图 4-1-63)。

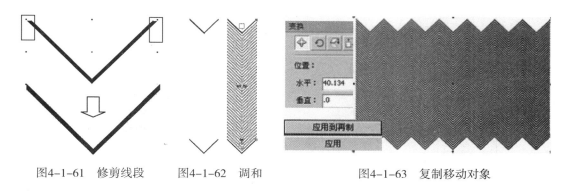

图4-1-61　修剪线段　　　图4-1-62　调和　　　图4-1-63　复制移动对象

11. 选择【矩形】工具绘制一个 "150mm×150mm" 的正方形,并填充深灰色(图 4-1-64)。

12. 选中斜纹,执行【效果 / 图像精确剪裁 / 放置在容器中】命令,放置在正方形中(图 4-1-65)。

13. 选中精确裁剪后的对象,执行【位图 / 转换为位图】,然后【添加杂点】和【模糊】等命令,得到面料效果图(图 4-1-66)。

图4-1-64　绘制正方形　　　图4-1-65　精确裁剪　　　图4-1-66　转换位图对象

14. 打开一幅矢量款式图(图 4-1-67)。将绘制好的人字呢面料执行菜单【效果 / 图像精确剪裁 / 放置在容器中】命令,填充在款式图中,得到最后效果(图 4-1-68)。

(三)花灰呢面料的绘制

1. 按住快捷键【Ctrl+N】新建文件。选择工具箱中【矩形】工具(快捷键【F6】),绘制一个 "9mm×3mm" 的长方形,然后单击长方形,进入【旋转】状态,用鼠标左键在画圈处向下拖动（图4-1-69）。

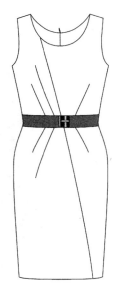

图4-1-67　矢量款式图　　　　　图4-1-68　精确裁剪并调整内容

2. 按下【+】键复制对象,配合【Ctrl】键垂直移动至下方合适位置,并填充不同的颜色,按住【Ctrl+G】组合键将对象群组（图 4-1-70）。

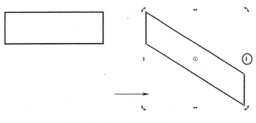

图4-1-69　倾斜对象　　　　　　图4-1-70　复制并下移

3. 按下【+】键复制,并垂直移动至页面的下方,打开【交互式调和】工具,进行调和。选中调和后的对象,再次按下【+】复制,单击属性栏中【垂直镜像】按钮 ⊟,将对象移至合适位置,选中后执行【排列/对齐和分布/底端对齐】命令,按住【Ctrl+G】群组对象,形成 A 图（图 4-1-71）。

4. 选中 A 图,观察属性栏【对象大小】 ↔ 18.055 mm ,然后执行菜单【窗口/泊坞窗/变换/位置】命令,在面板中设置【水平】数值"18.055mm"（图 4-1-72）,多次点击【应用到再制】,得到效果（图 4-1-73）,全选对象后按住【Ctrl+G】组合键将其群组。

5. 选中【矩形】工具绘制一个"100mm×100mm"的正方形。将群组后的对象执行菜单【效果/图框精确剪裁/放置在容器中】命令,将其放置在正方形中（图 4-1-74）。

6. 选中对象,执行【位图/转换为位图】命令,然后执行【高斯模糊】和【杂点/添加杂点】设置（图 4-1-75），完成后点击【确定】按钮。

图4-1-71　倾斜对象　　　　图4-1-72　复制并下移　　　　图4-1-73　再制对象

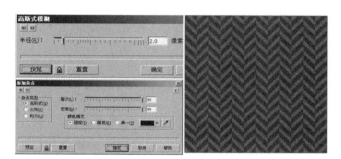

图4-1-74　精确裁剪　　　　　　　图4-1-75　转换为位图

7．选中位图，执行【位图 / 扭曲 / 湿笔画】命令，在弹出的对话框中设置各项参数（图 4-1-76）。

8．选中位图，执行【位图 / 扭曲 / 风吹效果】命令，在弹出的对话框中设置各项参数（图 4-1-77），完成后点击【确定】按钮，得到效果。

图4-1-76　湿笔效果　　　　　　　图4-1-77　风吹效果

9. 打开一幅矢量款式图（图4-1-78）。将绘制好的花灰呢面料执行菜单【效果 / 图像精确剪裁 / 放置在容器中】命令，填充在款式图中，得到最后效果（图4-1-79）。

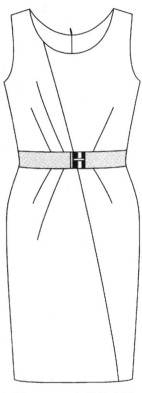

图4-1-78　矢量款式图

图4-1-79　精确裁剪并调整内容

四、镂空印花面料

（一）镂空印花面料实例效果（图4-1-80）

图4-1-80　镂空印花面料效果

（二）镂空印花面料的绘制

1．打开【基本形状】工具 ![icon]，选中属性栏中的【水滴】绘制一个图形（图 4-1-81）。

2．选中对象，按下【+】键复制，配合【Shift】键成比例缩小，选中两个对象点击属性栏【修剪】按钮 ![icon]，移除里面的小对象（图 4-1-82）。

3．选择【钢笔】工具 ![icon]，绘制叶脉，并填充颜色，全选对象，按下组合键【Ctrl+G】群组（图 4-1-83）。

图4-1-81　绘制水滴　　　　　图4-1-82　修剪并移除　　　图4-1-83　绘制叶脉
　　　　　　　　　　　　　　　　　　　　　　　　　　　　　　　　　　　并填色

4．再次单击对象，进入【旋转】状态，将【旋转中心】移至对象的下方，执行【窗口 / 泊坞窗 / 变换 / 旋转】命令，设置【旋转】角度为"60"，然后点击【应用到再制】按钮（图 4-1-84）。

5．选择【椭圆】工具，重复上面的操作，添加一些细节（图 4-1-85）。

图4-1-84　旋转并再制

图4-1-85　添加细节

6．调入一张网眼矢量图作为底板，将图案放置在任意位置（自由设计）（图 4-1-86）。

7．按下【+】键复制，并移至合适位置，选中后执行【排列 / 对齐和分布】命令，得到效果（图 4-1-87）。

图4-1-86　设计图案

图4-1-87　复制并对齐和分布

8. 打开【交互式调和】工具，进行调和，【步长】数根据效果自由设置（图 4-1-88），还可以填充不同的背景色（图 4-1-89）。

图4-1-88　调和

图4-1-89　填充底色

9. 打开一幅矢量款式图（图 4-1-90）。将绘制好的蕾丝印花面料执行菜单【效果 / 图像精确剪裁 / 放置在容器中】命令，填充在款式图上，得到最后效果（图 4-1-91）。

图4-1-90　矢量款式图

图4-1-91　精确裁剪并调整内容

第二节　棒针编织及针织面料

一、平针编织

（一）平针编织实例效果（图4-2-1）

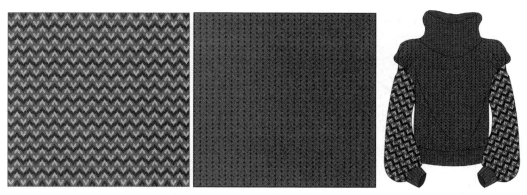

图4-2-1　平针编织实例效果

（二）平针编织的绘制

1. 打开工具箱中【基本形状】工具 ，选择【心形】，绘制一个心形图案。鼠标右键单击执行【转换为曲线】命令，用【形状】工具 调整修改（图4-2-2）。

2. 选中对象，按下两次【+】键，并移至下方，然后填充不同的颜色，按住组合键【Ctrl+G】将其群组（图4-2-3）。

图4-2-2　对象变形　　　　　　　　　　　　　　　图4-2-3　复制对象

3. 选中群组后的对象，按下【+】键复制，移动至页面的下方。打开【交互式调和】工具 ，进行调和，鼠标右键单击执行【打散调和群组】命令后，按下组合键【Ctrl+G】群组。然后再次按下【+】键，并点击属性栏中的【垂直镜像】按钮（图4-2-4）。

4. 全选对象，观察属性栏中【对象大小】 12.527 mm ，执行菜单【窗口 / 泊坞窗 /

变换 / 位置】命令，设置【水平】数值"12.527mm"，多次点击【应用到再制】按钮，得到效果（图 4-2-5），全选对象后按住【Ctrl+G】组合键将其群组。

5. 选中【矩形】工具绘制一个"100mm×100mm"的正方形，并填充灰色，然后执行菜单【效果 / 图像精确剪裁 / 放置在容器中】命令，进行精确裁剪（图 4-2-6）。

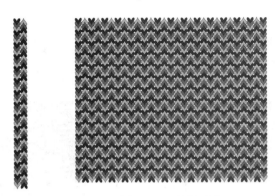

图4-2-4　调和　　　　　图4-2-5　复制对象　　　　　图4-2-6　精确裁剪对象

6. 选中对象，执行【位图 / 转换为位图】命令以及【添加杂点】命令（图 4-2-7）。

7. 选中图 4-2-6，按下【+】键复制，移开。鼠标右键单击执行【编辑内容】命令，进入【编辑页面】。再次选中对象右键单击执行【取消全部群组】，然后鼠标在【颜色栏】中单击一个灰色，进行填充，完成后点击页面左下角的【完成编辑对象】按钮 **完成编辑对象** （图 4-2-8）。

8. 选中对象，执行【位图 / 转换为位图】以及【添加杂点】命令（图 4-2-9）。

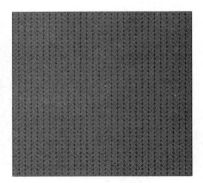

图4-2-7　添加杂点　　　　图4-2-8　灰色填充效果　　　　图4-2-9　添加杂点

9. 打开一幅矢量款式图（图 4-2-10）。将绘制好的针织面料执行菜单【效果 / 图像精确剪裁 / 放置在容器中】命令，填充在款式图中，得到最后效果（图 4-2-11）。

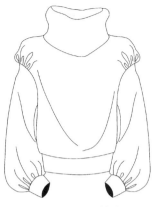
图4-2-10　矢量款式图

图4-2-11　精确裁剪并调整内容

二、花样编织

（一）花样编织实例效果（图 4-2-12）

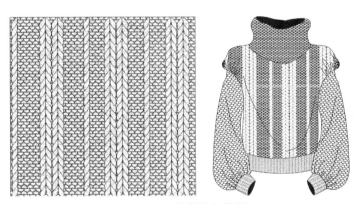
图4-2-12　花样编织效果

（二）花样编织的绘制

1. 选择工具箱中【椭圆】工具绘制一个"8mm×6mm"的椭圆。选择【矩形】工具绘制一个长方形。选中椭圆和长方形，点击属性栏中的【修剪】按钮 ⬚，移除长方形，得到半圆，并填充为"白色"（图 4-2-13）。

图4-2-13　绘制半圆

2. 选中半圆,执行菜单【窗口 / 泊坞窗 / 变换 / 位置】命令,设置【水平】数值为"8mm",多次点击【应用到再制】按钮,得到效果（图 4-2-14）。

图4-2-14 复制对象

3. 选中所有半圆,按下【+】键,点击属性栏中的【垂直镜像】按钮,并下移至合适位置（图 4-2-15）。

图4-2-15 复制并镜像

4. 全选对象,按住组合键【Ctrl+G】群组,按下【+】键复制,垂直下移至页面的下方位置,打开【交互式调和】工具进行调和,【步长】数根据实际效果调整（图 4-2-16）。

5. 选择工具箱中【钢笔】工具绘制一个麻花基础图案（图 4-2-17）,按下【+】键复制,并垂直移至页面的下方,应用【交互式调和】工具进行调和,【步长】数根据实际情况调整（图 4-2-18）。

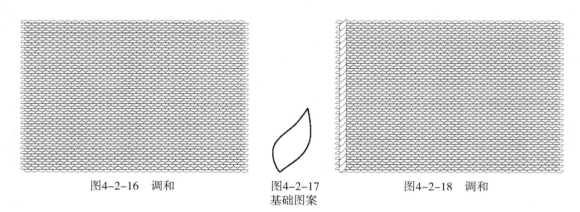

图4-2-16 调和 图4-2-17 图4-2-18 调和
基础图案

6. 选中麻花图案,通过【复制】、【镜像】、【移动】及【对齐】等命令,得到效果（图 4-2-19）。

7. 选择【矩形】工具绘制一个 "100mm×100mm" 的正方形,并填充为 "浅灰色"。将做好的对象执行菜单【效果 / 图像精确剪裁 / 放置在容器中】命令,得到效果（图 4-2-20）。

8. 选中对象,执行菜单【位图 / 转换为位图】以及【添加杂点】、【扭曲 / 湿笔画】、【扭曲 / 风吹效果】等命令得到效果（图 4-2-21）。

9. 打开一幅矢量款式图（图 4-2-22）。将绘制好的针织面料执行菜单【效果 / 图像精确剪裁 / 放置在容器中】命令,填充在服装上,得到最后效果（图 4-2-23）。

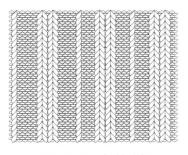
图4-2-19 复制对齐

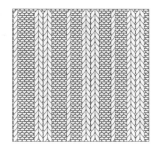
图4-2-20 精确裁剪

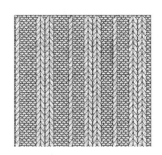
图4-2-21 转换为位图

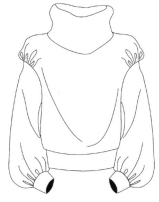
图4-2-22 矢量款式图

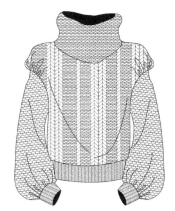
图4-2-23 精确裁剪并调整内容

三、网眼面料

（一）网眼面料的实例效果（图4-2-24）

图4-2-24 网眼面料实例效果

（二）网眼面料的绘制

1. 选择【钢笔】工具 ，配合【Shift】键绘制一条"150mm"长的垂直线。打开【交互式变形】工具 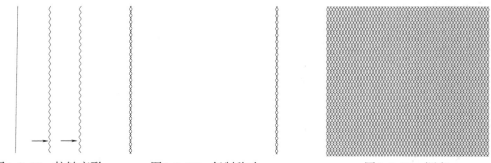，在上方属性栏中选择【拉链变形】，设置【拉链失真振幅】为"5"，【失真频率】为"45"，然后点击后面的【平滑变形】按钮 ，得到效果（图4-2-25）。

2．选择平滑后的线，按下【+】键复制，点击属性栏中的【水平镜像】按钮 ，水平移至右边合适位置，选中两条平滑线，按下组合键【Ctrl+G】群组。再次按下【+】键复制，水平移至页面的右边（图4-2-26）。

3．打开【交互式调和】工具，进行调和（图4-2-27）。【步长】数值的大小会产生不同的外观效果（根据需要自由设置）。

图4-2-25　拉链变形　　　图4-2-26　复制移动　　　　　图4-2-27　调和

本章小结

1．【交互式调和】工具是绘制各种面料的主要工具。

2．【修整工具组】命令可以改变图形对象的造型。

3．【再制】（【Ctrl+D】）命令可以快速复制对象。

4．【对齐与分布】命令可以对齐对象并分布对象之间的距离。

5．利用【基本形状】工具，配合【形状】（【F10】）工具绘制各种基本单元图形。

思考练习题

1．如何绘制各种条纹面料及灯芯绒面料？

2．如何绘制粗花呢面料？

3．利用所学工具完成下列面料图的绘制？

应用理论与训练——

第五章　服装插画设计

课题名称：服装插画设计

课题内容：【图纸】工具

　　　　　　【创建调色板】

　　　　　　【形状】工具

　　　　　　【填充及透明】工具

课题时间：6课时

教学目的：通过案例的演示与操作步骤，要求学生掌握人物头像
　　　　　　插画及服装插画的绘制方法与技巧。

教学方式：教师演示及课堂训练。

教学要求：1．用CorelDRAW X5软件绘制人物头像插画。

　　　　　　2．用CorelDRAW X5软件绘制服装插画。

课前准备：熟悉并掌握CorelDRAW X5软件的各种工具的操作方法
　　　　　　和技巧，绘制手稿图。

第五章　服装插画设计

　　服装插画是视觉艺术的一种表现形式，是以服装为表现对象的插画艺术，诠释的是设计师们的灵感，兼具艺术性与实用性的特征。随着计算机图形软件的开发与应用，服装插画由传统单一的绘画形式逐步向多种流派、不同风格及表现形式上发展。利用 CorelDRAW X5 的绘图工具、形状工具、填充工具、透明工具等可以轻松完成服装插画从设计、构图、绘制、上色、填充、渲染的全部过程，使其作品具有形象、直观、趣味及审美的特点。

第一节　专用色盘的建立

　　在 CorelDRAW X5 的绘图操作中，很多时候需要建立一个专用的色盘，方便随时调用和填充。专用色盘的建立为节省操作时间提供便利。下面详细介绍专用色盘建立的操作步骤：

1. 按住【Ctrl+N】组合键新建一个文件。
2. 选择工具箱中的【图纸】工具 ，在属性栏【行和列】中分别输入数值"4"和"2"。
3. 在页面中拖出一个"4×2"的表格（图5-1-1）。
4. 选中表格，鼠标右键单击执行【取消群组】命令，在页面的空白处单击，取消对象的选择。
5. 单选其中任一方格，按下快捷键【Shift+F11】，弹出颜色选择面板，在面板中选择【CMYK】颜色模式，输入数值：【C】为"5"，【M】为"67"，【Y】为"2"，【K】为"0"，命名为"西瓜红"，完成后点击【确定】按钮（图5-1-2）。
6. 重复步骤5操作，添加其他方格内的颜色，并各自命名（图5-1-3）。

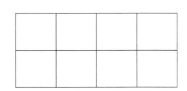

图5-1-1　绘制4×2的表格

图5-1-2　颜色面板

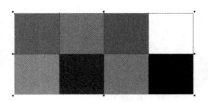

图5-1-3　添加后的颜色

7. 选中所有颜色，执行菜单【窗口 / 调色板 / 通过选定的颜色创建调色板】命令（图 5-1-4）。

8. 弹出【保存调色板】对话框，命名为"2013F/W K品牌秋装色盘"，完成后点击【保存】按钮。在右边颜色面板中会自动弹出刚刚保存的色板（图 5-1-5）。

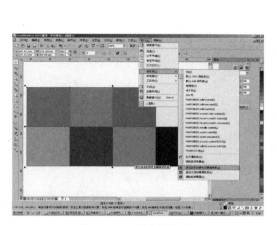 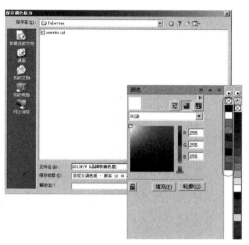

图5-1-4　创建调色板　　　　　　　　　图5-1-5　保存调色板

9. 单击该调色板上方的 ▶ 按钮，执行【排列图标 / 调色板编辑器】命令，弹出对话框（图 5-1-6）。

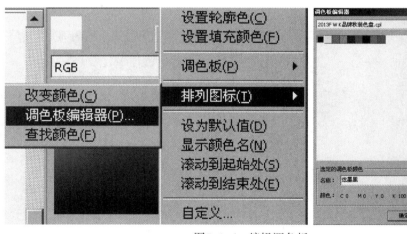

图5-1-6　编辑调色板

10. 比较对话框中的色彩与文件中的色彩，将多余的颜色选中后删除，没有的颜色通过【添加颜色】调入进来。编辑完成后，点击【确定】按钮（图 5-1-7）。

11. 再次点击该调色板上方的 ▶，执行【调色板 / 另存为】命令，弹出保存对话框，将其保存在自己熟悉的路径中（图 5-1-8）。

12. 重新开启软件，调入专用色盘。执行菜单【窗口 / 调色板 / 打开调色板】命令，弹出对话框，找到前面保存的路径，选中文件并打开，在颜色面板中出现色盘。

图5-1-7　编辑后的调色板

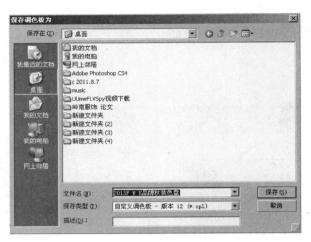

图5-1-8　再次保存调色板

第二节　头像插画绘制

一、头像插画效果（图5-2-1）

图5-2-1　头像插画效果

二、绘制步骤

1. 按住【Ctrl+N】组合键新建一个文件，用工具箱中【椭圆】工具绘制一个椭圆，鼠标右键单击执行【转换为曲线】命令（图5-2-2）。

2. 应用【形状】工具 调整脸型（图5-2-3）。

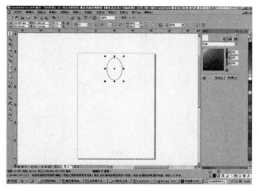 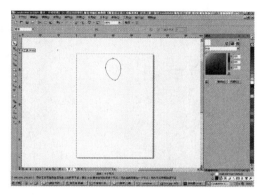

图5-2-2　绘制椭圆　　　　　　　　　　　图5-2-3　编辑椭圆

3. 应用【贝塞尔】工具 绘制后背和胳膊的轮廓线，然后用【形状】工具 调整至合适的形状（图5-2-4）。

4. 调整合适后，将对象填充为"白色"（图5-2-5）。

5. 应用【贝塞尔】工具 绘制头发轮廓，用【形状】工具 调整至合适形状（图5-2-6）。

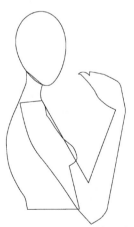 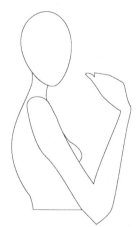 

图5-2-4　绘制大体轮廓　　　　图5-2-5　填充轮廓　　　　图5-2-6　绘制头发轮廓

6. 绘制眼睛眉毛。先用【3点曲线】工具 绘制一条弧线，选择工具箱中【艺术笔】工具，在预设笔中点击 ，画出眉毛。应用【绘图】工具绘制眼睛轮廓（图5-2-7）。

7. 应用框选方法选中眼睛和眉毛,按住组合键【Ctrl+G】将其群组,然后按住【+】键,复制后点击属性栏中的【左右镜像】按钮 ,用【旋转】【缩放】工具调整眼睛的位置(图5-2-8)。

8. 用绘图工具绘制嘴巴、手及衣服的轮廓线(图5-2-9)。

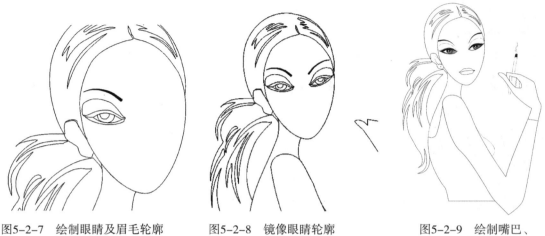

图5-2-7 绘制眼睛及眉毛轮廓 　　图5-2-8 镜像眼睛轮廓 　　　　　图5-2-9 绘制嘴巴、
　　　　　　　　　　　　　　　　　　　　　　　　　　　　　　　　　手及衣服轮廓线

9. 填充肤色。选中肤色,按下快捷键【Shift+F11】,弹出颜色选择面板,输入"RGB"数值,【R】为"248",【G】为"160",【B】为"96",并填加局部阴影。然后填充头发(图5-2-10)。

10. 用【复制】、【渐变】、【透明】等工具丰富脸部细节(图5-2-11)。

11. 打开一张图片,执行菜单【效果/图框精确裁剪】命令,将其填充在服装位置(图5-2-12)。

图5-2-10 填充肤色 　　　　　图5-2-11 丰富细节 　　　　　图5-2-12 填充上衣

12.填加背景。用【矩形】工具绘制一个矩形，轮廓宽度为"16pt"，填充浅灰色并应用透明（图5-2-13）。

13.用【手绘】工具绘制一个封闭图形，然后按住【+】键将其复制，并向上移动（图5-2-14）。

14.然后按两次快捷键【Ctrl+D】，再制两个对象，改变颜色，全选后按住组合键【Ctrl+G】群组（图5-2-15）。

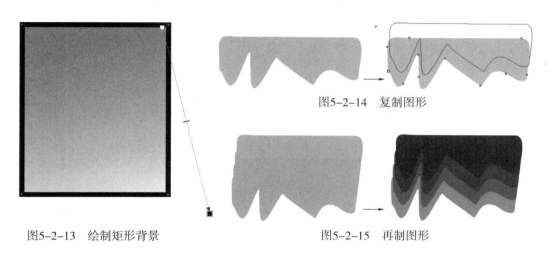

图5-2-14　复制图形

图5-2-13　绘制矩形背景

图5-2-15　再制图形

15.选中群组后的对象,执行菜单【效果 / 图框精确裁剪】命令,将其填充在矩形内（图5-2-16）。

16.选中矩形，按下快捷键【F11】，打开【渐变填充】面板，设置如图5-2-17所示，完成后点击【确定】按钮。

17.将做好的背景移至人物图下方，并进行最后的调整（图5-2-18）。

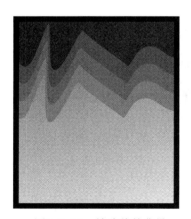

图5-2-16　精确裁剪背景　　　　图5-2-17　渐变填充背景　　　　图5-2-18　最后效果

第三节　服装插画绘制

一、服装插画效果（图5-3-1）

图5-3-1　实例效果

二、绘制步骤

1. 按住组合键【Ctrl+N】新建一个文件。按住组合键【Ctrl+I】导入一张手稿图（图5-3-2）。

2. 应用【钢笔】工具 ![icon]，沿着手稿图轮廓进行描摹，在描摹的过程中要保持手稿线条的流畅，并且每个对象尽可能是封闭的区域（图5-3-3）。

图5-3-2　手稿图

图5-3-3　描摹后的线稿

3. 填充面部肤色。设置肤色【R】为"242",【G】为"199",【B】为"190"。选中面部,此时的面部不是一个封闭的区域,所以无法进行颜色填充。按住【+】键复制脸部轮廓,执行菜单【排列 / 闭合 / 最近的节点和直线】命令(图5-3-4)。选择工具箱中【形状】工具 ,调整面部轮廓(图5-3-5),然后单击鼠标右键,执行菜单【顺序 / 到页面的后面】命令。

4. 绘制帽子(必须是封闭对象),填充为"白色"(图5-3-6)。

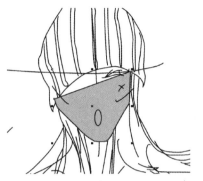
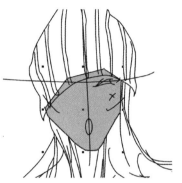
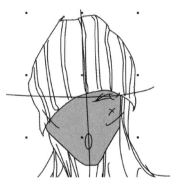

图5-3-4　封闭脸部轮廓　　　　图5-3-5　将脸部置于后面　　　　图5-3-6　绘制帽子

5. 选中工具箱中的【钢笔】工具 ,绘制头发的封闭轮廓,并单击鼠标右键执行【顺序 / 置于页面后面】命令。然后按下快捷键【F11】,打开【渐变填充】对话框,设置如图(图5-3-7),得到效果(图5-3-8)。

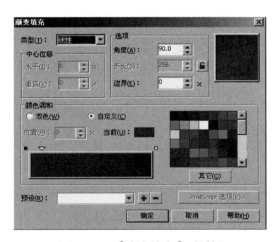

图5-3-7　【渐变填充】对话框　　　　　　　图5-3-8　填充头发

6. 选中工具箱中的【钢笔】工具 ,绘制需要填充肤色的封闭轮廓,填充后去掉外轮廓线(图5-3-9),并置于原对象的下方,重复操作,填充其他部位的肤色,得到效果(图5-3-10)。

7. 完成所有肤色的单色填充(图5-3-11)。

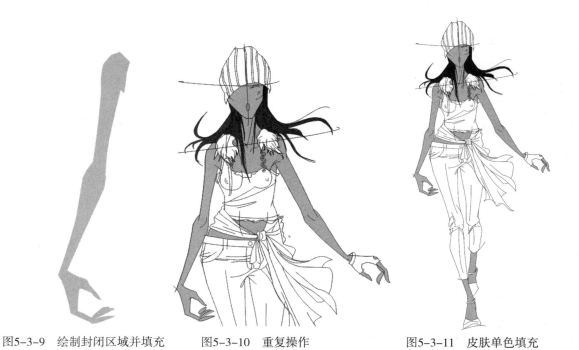

图5-3-9　绘制封闭区域并填充　　　图5-3-10　重复操作　　　　图5-3-11　皮肤单色填充

8. 填加肤色暗部阴影。用【钢笔】工具 绘制阴影轮廓，填充较深肤色后，去掉外轮廓线，应用【透明】工具 ，使效果更柔和自然（图5-3-12）。

9. 填加肤色的受光部分。同样可以用【钢笔】工具 绘制亮部轮廓，填充较浅肤色后，去掉外轮廓线，应用【透明】工具 ，使效果更柔和自然（图5-3-13）。

图5-3-12　填加肤色阴影　　　　　　　图5-3-13　填加肤色亮部

10. 裤子上色。选中裤子的封闭轮廓，在工具箱中打开【底纹填充】（图5-3-14），弹出对话框，选中【太阳耀斑2】，点击【确定】按钮。将裤子内部衣纹轮廓改为"白色"，得到效果（图5-3-15）。

11. 根据设计需要，可以对帽子和上衣进行不同颜色和面料的填充（图5-3-16）。

图5-3-14　【底纹填充】对话框　　图5-3-15　填充后裤子效果　　图5-3-16　最后效果

本章小结

1．【图纸】工具可以绘制被"取消群组"的表格。

2．【创建调色板】命令可以创建独立的调色板。

3．【透明】工具可以创建对象的透明效果。

4．【底纹填充】工具可以填充各种效果的底纹。

思考练习题

1．如何创建一个流行色色盘？

2．如何使用【透明】工具使对象层次丰富？

3．如何用【钢笔】工具描摹.jpg的手稿图，尽可能保持手稿图的线条特征并是封闭的区域？

4．利用所学工具完成一幅手稿画的描摹与上色处理。

基础理论——

第六章　Illustrator CS5 基本操作

课题名称： Illustrator CS5基本操作

课题内容： 基本形状绘图工具

　　　　　　铅笔、钢笔工具

　　　　　　选择和排列对象

　　　　　　改变对象形状

　　　　　　服装常用绘图工具与操作

课题时间： 8课时

教学目的： 使学生了解Illustrator CS5软件的功能及应用范围，掌握该软件的基本绘图和编辑命令的操作方法与步骤，为后面的服装绘图打下坚实基础。该软件使用的熟练程度直接影响服装设计师的绘图速度及绘图效果。培养学生综合运用所学工具，独立分析和解决服装绘图技术问题的能力。

教学方式： 教师演示及课堂训练。

教学要求： 1. 让学生了解Illustrator CS5软件的功能及其应用范围。

　　　　　　2. 掌握Illustrator CS5软件的基本操作方法和技巧。

课前准备： 软件的安装与正常运行。要求学生具备一定的服装绘图与设计能力。

第六章　Illustrator CS5 基本操作

　　Illustrator CS5 是由 Adobe 公司开发的一款优秀的专业矢量图形设计制作软件。该软件具有精良的绘图工具、富有表现力的各种画笔以及丰富的色板库资源和符号库资源，其强大的功能适合绘制任何小型设计图形以及大型的复杂图形，尤其是对设计线稿图的处理更具有优势。利用这个软件处理服装款式的勾线与上色、服装辅料的设计、图案样本填充的设计会带来许多方便。特别适合从事线稿绘制的服装设计师、专业插画家、生产多媒体图像的艺术家，以及网页制作专家。

第一节　基本形状绘图工具

　　Illustrator 通过绘图工具可以创建路径，路径由一个或多个直线或曲线线段组成，每个线段的起点和终点由锚点标记。路径可以是闭合的（如圆圈），也可以是开放的并具有不同的端点（如波浪线）。通过拖动路径的锚点、方向点可以改变路径的形状（图 6-1-1）。
　　路径锚点分为：角点和平滑点，使用角点和平滑点的任意组合可以绘制路径，并可随时编辑修改。

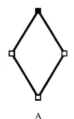  

A—四个角点
B—四个平滑点
C—角点和平滑点的组合

A　　　　　　B　　　　　　C

图6-1-1　路径上的点

一、线条组

（一）　【直线】工具

　　说明：绘制直线。

　　步骤：

1. 按住【Shift】键，约束直线以 45°角的倍数方向绘制。

2. 按住【Alt】键，以单击点为中心向两边绘制。

3. 按住【Shift+Alt】组合键，以单击点为中心向两边绘制，并以 45°角的倍数方向绘制。

4. 绘制直线过程中，按下【空格】键，可冻结正在绘制的直线。

5. 按住【~】键，会随着鼠标绘制多条直线。

（二）【弧线】工具

说明：绘制弧线。

步骤：

1. 按住【Shift】键，绘制弧形。

2. 按下【Alt】键，以单击点为中心向两边绘制。

3. 按【X】键，可以使弧线在凹面和凸面之间切换。

4. 按【C】键，可以使弧线在开放弧线和闭合弧线之间切换。

5. 按【F】键，可以翻转弧线，并且弧线的起点保持不变。

6. 按住上下左右键，可增大或减小弧线的弧度。

7. 按住【~】键，会随着鼠标绘制多条弧线。

8. 绘制弧线过程中，按下【空格】键，可冻结正在绘制的弧线。

（三）【螺旋】工具

说明：绘制螺旋线。

步骤：

1. 按住【Shift】键，约束以 45°角的倍数方向绘制。

2. 按住【Ctrl】键，可以调整螺旋线的密度。

3. 按住【~】键，会随着鼠标绘制多条螺旋线。

4. 按住上下左右键，可增大或减少螺旋圈数。

5. 绘制螺旋线过程中，按下【空格】键，可冻结正在绘制的螺旋线。

（四）【网格】工具

说明：快速绘制矩形网格和极坐标网格。选中该工具后单击页面，弹出对话框，可以设置参数。

步骤：

1. 在绘制过程中按住上、下方向键，可增大或减少图形中水平方向上的网格线数。

2. 按住左、右方向键，可增大或减少垂直方向上的网格线数。

3. 按【F】键，矩形网格中的水平网格间距将由下到上以 10% 的比例递增。

4. 按【V】键，矩形网格中的水平网格间距将由下到上以 10% 的比例递减。

5．按【X】键，矩形网格中的垂直网格间距将由左到右以 10% 的比例递增。

6．按【C】键，矩形网格中的垂直网格间距将由左到右以 10% 的比例递减。

二、▫【矩形】工具（【M】）

说明：绘制矩形和正方形。选中该工具后单击页面，弹出对话框，可以设置参数。

步骤：

1．按住【Shift】键，绘制正方形。

2．按住【Alt】键，以起始点为中心绘制矩形。

3．按住【Alt+Shift】组合键，以起始点为中心绘制正方形。

4．按住【~】键，按下鼠标并向不同方向拖动，可绘制出多个不同大小的矩形。

5．在绘制矩形过程中，按下【空格】键，可冻结正在绘制的矩形。

6．精确绘制矩形。选中【矩形】工具，在页面中任意位置鼠标左键单击，弹出对话框，输入数值，点击【确定】按钮即可。

三、▢【圆角矩形】工具

说明：绘制圆角矩形和正方形。选中该工具后单击页面，弹出对话框，可设置参数。

步骤：快捷用法同【矩形】工具。

1．在绘制圆角矩形时，按住上下方向键可改变圆角的大小，按住左右方向键，可直接变为矩形或默认圆角值。

2．在页面中单击，即可弹出对话框，进行参数设置。

四、◯【椭圆】工具（【L】）

说明：绘制椭圆和正圆。选中该工具后单击页面，弹出对话框，即可进行参数设置。

步骤：快捷用法同【矩形】工具。

五、⬡【多边形】工具

说明：绘制多边形。

步骤：快捷用法同【矩形】工具。

注：绘制多边形时，按住上下方向键可以改变多边形的边数，取值在 3~1000 之间。

六、☆【星形】工具

说明：绘制星形。

步骤：快捷用法同【矩形】工具。

注：按下【Alt】键时以中心点绘制，并且星形每个角的"肩线"都在同一条线上。

七、 ▣ 【光晕】工具

说明：绘制光晕。

步骤：

1. 按住【Shift】键，中心控制点，光线和光晕将随着鼠标的拖动按比例缩放。

2. 按住键盘的向上、向下方向键，图形中的光线数量将随着鼠标的拖动而逐渐增加或减少。

3. 按住【Ctrl】键时，中心控制点的大小将保持不变，而光线和光晕将随着鼠标的拖动按比例缩放。

第二节　铅笔、钢笔工具

一、 ✎ 【铅笔】工具（【N】）

说明：【铅笔】工具可以绘制开放路径和闭合路径，就像用铅笔在纸上绘图一样，对于快速素描或创建手绘外观最有效。绘制路径后，如有需要可以立刻更改。双击【铅笔】工具可进行参数设置。

步骤：

（一）绘制开放路径

1. 单击【铅笔】工具。

2. 拖动直接绘制。

3. 如已经绘制好一个开放的路径，可以在选中的情况下，用【铅笔】工具指向它的一个端点，按下左键继续绘制。

（二）绘制闭合路径

1. 单击【铅笔】工具。

2. 拖动绘制路径。

3. 按住【Alt】键绘画后释放，即可绘制闭合的路径。

4. 双击 ✎ 【铅笔】工具，弹出对话框，可以设置相关选项（图 6-2-1）。

（三）修改路径

1. 选择要修改的路径，按住【Ctrl】键暂切换为【路径】工具，可以修改路径。

2. 用【铅笔】工具在闭合路径的某个节点上，按下鼠标左键继续绘画，可以使闭合

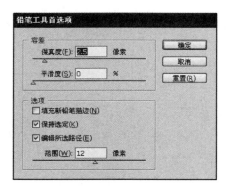

图6-2-1 【铅笔工具首选项】对话框

保真度：值越高，路径越平滑，复杂度就越低。值越低，容易生成尖锐的角度。保真度的范围从0.5~20像素

平滑度：值越高，路径越平滑。值越低，创建的锚点就越多。平滑度的范围从0%~100%

填充新铅笔描边：选择此选项后将对绘制的铅笔描边应用填充，但不对现有铅笔描边应用填充。请记住在绘制铅笔描边前选择填充

的路径变为开放的路径。

3. 按住【Alt】键，可切换为【平滑】工具。

二、【平滑】工具

说明：在尽可能保持原形状的基础上，修整路径的平滑度（图 6-2-2 ）。

步骤：

1. 按住【Ctrl】键，切换为【选取】工具。

2. 双击【平滑】工具可进行设置。

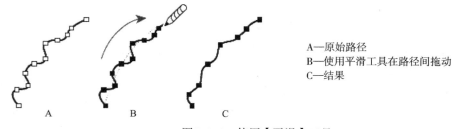

A—原始路径
B—使用平滑工具在路径间拖动
C—结果

图6-2-2 使用【平滑】工具

三、【路径清除】工具

说明：路径清除工具可通过沿路径进行绘制来抹除此路径的各个部分。

步骤：

1. 按住【Ctrl】键，切换为【选取】工具。

2. 按住【Alt】键，可切换为【平滑】工具。

3. 使用该工具不但可以擦除用【铅笔】工具绘制的路径，而且对于【钢笔】工具、【画笔】工具绘制的路径同样有效。

四、 【钢笔】工具（【P】）

说明：使用【钢笔】工具可以绘制的最简单的路径是直线，方法是通过单击【钢笔】工具创建两个锚点。继续单击可创建由锚点连接的直线段组成的路径。

步骤：

（一）【钢笔】工具绘制直线（图6-2-3）

1. 选中【钢笔】工具，单击创建始点，到另一点单击可创建直线。

2. 重复步骤 1 可创建折线。

3. 按住【Enter】键单击，结束绘制。

4. 在画线时按住【Alt】键可以设置下一段曲线的曲率。

5. 按住【Ctrl】键，切换为【选取】工具。

6. 按住【Alt】键，可切换为【转换点】工具。

7. 按住【Shift】键绘画，可以限制以 45° 角为步长变化。

8. 在绘制的过程中，把【钢笔】工具移到路径上，可添加节点，移到节点上可删除节点，移到起始点上可闭合节点。

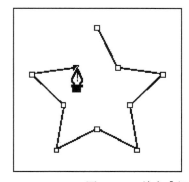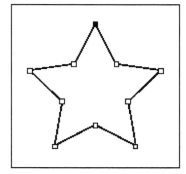

图6-2-3　单击【钢笔】工具创建直线段

（二）【钢笔】工具绘制曲线

1. 选择【钢笔】工具。

2. 将【钢笔】工具定位到曲线的起点，并按住鼠标左键不松手，此时会出现第一个锚点，同时【钢笔】工具指针变为一个箭头（图 6-2-4）。

3. 拖动以设置要创建的曲线段的斜度，然后松开鼠标按钮。（技巧：按住【Shift】键可将工具限制为 45° 的倍数）

4. 将【钢笔】工具定位到希望曲线段结束的位置，请执行以下操作之一：

◆ 若要创建 C 形曲线，请向前一条方向线的相反方向拖动，然后松开鼠标按钮（图

6-2-5）。

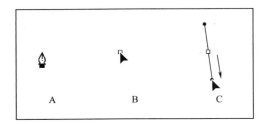

图6-2-4　钢笔工具绘制曲线

拖动曲线中的第一个点：
A—定位【钢笔】工具
B—开始拖动（鼠标左键按下）
C—拖动以延长方向线

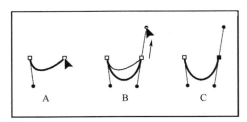

图6-2-5　【钢笔】工具绘制曲线

绘制曲线中的第二个点：
A—开始拖动第二个平滑点
B—向远离前一条方向线的方向拖动，创建C形曲线
C—释放鼠标按钮后的结果

◆ 若要创建S形曲线，请按照与前一条方向线相同的方向拖动。然后释放鼠标按钮（图6-2-6）。

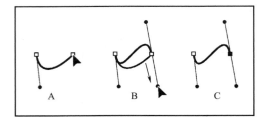

图6-2-6　【钢笔】工具绘制曲线

绘制S形曲线：
A—开始拖动新的平滑点
B—按照与前一条方向线相同的方向拖动，创建S形曲线
C—释放鼠标按钮后的结果

5. 要闭合路径。将【钢笔】工具定位在第一个（空心）锚点上。如果放置的位置正确，【钢笔】工具指针旁将出现一个小圆圈，单击或拖动可闭合路径。

五、【添加锚点】工具（【+】）

说明：在路径上添加锚点。

步骤：

1. 选择要修改的路径。

2. 将【钢笔】工具定位到选定路径上方时，它会变成【添加锚点】工具。

3. 或点击【添加锚点】工具，并将指针置于路径段上，然后单击。

4. 按住【Ctrl】键，切换为【选取】工具。

5. 按住【Alt】键，可切换为【转换锚点】工具。

六、 ⬧ 【删除锚点】工具（【-】）

说明：在路径上删除锚点。

步骤：

1. 选择要修改的路径。

2. 将【钢笔】工具定位到锚点上方时，它会变成【删除锚点】工具。

3. 或点击【删除锚点】工具，并将指针置于锚点上，然后单击。

4. 按住【Ctrl】键，切换为【选取】工具。

5. 按住【Alt】键，可切换为【转换锚点】工具。

七、 ⬧ 【转换锚点】工具（【Shift+C】）

说明：将路径上的角点和平滑点相互转换（图6-2-7、图6-2-8）。

步骤：

1. 选择要修改的整个路径，以便能够查看到路径的锚点。

2. 点击【转换锚点】工具 ⬧ 。

3. 将【转换锚点】工具定位在要转换的锚点上方，将方向点拖动出角点以创建平滑点。

4. 单击平滑点以创建角点。

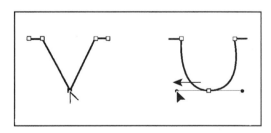 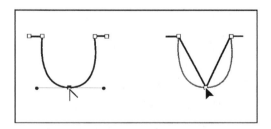

图6-2-7　将方向点拖动出角点以创建平滑点　　　图6-2-8　单击平滑点以创建角点

八、擦除、分割和连接路径

（一）【橡皮擦】工具 ⬧ （【Shift+E】）

说明：用【橡皮擦】工具抹除对象（图6-2-9）。【橡皮擦】工具不能对网格和文本使用。

步骤：

1. 选中对象。

2. 点击【橡皮擦】工具 ⬚ 。

3. 在要抹除的区域上拖动。

（二）【路径橡皮擦】工具 ✎

说明：使用【路径橡皮擦】工具抹除路径的一部分（图6-2-10）。

步骤：

1. 选择对象。

2. 选择【路径橡皮擦】工具。

3. 沿着要抹除的路径段的长度拖动此工具。（提示：对象必须位于页面中）

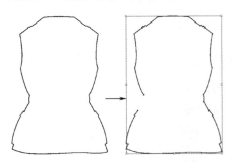

图6-2-9　使用【橡皮擦】工具　　　　图6-2-10　使用【路径橡皮擦】工具

（三）【剪刀】工具 ✂ （【C】）

说明：可以分割路径（图6-2-11）。

步骤：

1. 选中对象。

2. 打开【剪刀】工具。

3. 在要断开的描点上单击。

4. 用【直接选择】工具移开该锚点。

（四）连接两个端点（【Ctrl+J】）

说明：将开放的路径转换成封闭的路径（图6-2-12）。

步骤：

1. 先选中目标连接的端点。

2. 执行菜单【对象/路径/连接】命令。

3. 或按住快捷键【Ctrl+J】(Windows) 或【Cmd+J】(Mac)。

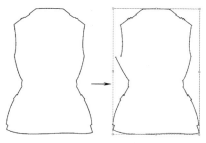

图6-2-11 使用【剪刀】工具

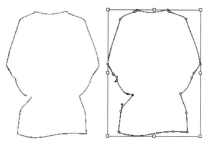

图6-2-12 连接两个端点

第三节 选择和排列对象

一、选择工具

选择工具组可以准确地选择、定位修改和编辑对象，在 Illustrator CS5 中轻松地组织和布置图稿。只有通过选择工具操作后，才可以执行对象的【变换】、【排列】、【编组】、【锁定】、【隐藏】和【扩展】等命令。Illustrator CS5 提供以下选择方法和工具。

（一）▶ 【选择】工具（【V】）

说明：可以选择完整的路径、对象和组，还可以在组中选择组或在组中选择对象。

步骤：

1. 单击选择物体。

2. 框选物体（接触到的物体全部选中）。

3. 按住【Shift】键，加选或减选物体。

4. 按住【Shift】键，鼠标放在对角点上可以等比例放大或缩小。

5. 按住【Shift+Alt】组合键，鼠标放在对角点上可以中心等比例放大或缩小。

6. 按住【Alt】键，把鼠标移动到对象内部，同时移动鼠标可以复制对象（图6-3-1）。

7. 按住【Shift】键，可以限制以 45°角的倍数进行移动。

8. 选择物体，双击【选择】工具可精确移动或复制对象。

（二）▶ 【直接选择】工具（【A】）

说明：可以选择单个锚点和路径段，还可以在对象组中选择一个或多个对象（图6-3-2）。

步骤：

1. 单击对象内部选择物体。

2. 单击锚点选择锚点（当锚点被选择时，呈实心状态）。

3. 框选锚点。

4. 按住【Shift】键，加选或减选锚点。

5. 按住【Shift】键，可以限制以 45° 角的倍数进行移动。

6. 按住【Alt】键，把鼠标移动到对象内部，同时移动可以复制对象。

图6-3-1　复制移动对象　　　　　　　　　图6-3-2　直接选择

（三）　【编组选择】工具

说明：用来选择组内的单个对象或多个组中选择单个组。

步骤：

1. 单击目标选择的组内对象，该对象将被选中。

2. 若要选择对象的父级组，请再次单击同一个对象。

3. 接下来，继续单击同一个对象，以选择包含所选组的其他组，依此类推，直到所选对象中包含了所有目标选择的内容为止。

第一次单击，选择的是组内的一个对象（图 6-3-3 中的 A 图）。

第二次单击，选择的是对象所在的组（图 6-3-3 中的 B 图）。

第三次单击，会向所选项目中添加下一个组（图 6-3-3 中的 C 图）。

第四次单击，则添加第三个组（图 6-3-3 中的 D 图）。

图6-3-3　编组

（四） 【魔棒】工具（【Y】）

说明：选择文档中具有相同或相似填充属性（如颜色、图案、描边粗细、描边颜色、不透明度或混合模式）的所有对象（图 6-3-4）。

步骤：

1. 按住【Shift】键，加选对象。

2. 按住【Alt】键，减选对象。

3. 按住【Ctrl】键，切换为【选取】工具。

4. 按住【Ctrl+Alt】组合键，可同时移动复制对象。

特性：选择对象，双击【魔棒】工具弹出对话框，可进行参数设置。【容差】是用来控制选取颜色的范围，值越大，选取颜色区域越大。

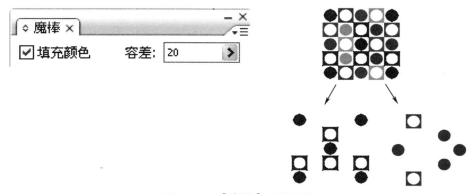

图6-3-4 【魔棒】工具选择

（五） 【套索】工具（【Q】）

说明：方法是围绕整个对象或对象的一部分拖动鼠标选择对象、锚点或路径段。

步骤：

1. 拖动选取整个对象。

2. 按住【Shift】键，加选对象。

3. 按住【Alt】键，减选对象。

4. 按住【Ctrl】键，切换为【直接选取】工具。

5. 按住【Ctrl+Alt】组合键，可同时移动复制对象。

（六）重复选择或反向选择

1. 若要重复上次使用的选择命令，请执行菜单【选择/重新选择】命令。

2. 若要选择所有未选中对象并取消选择所有选中对象，请执行【选择/反向】命令。

二、编组和扩展对象

（一）编组和取消编组（【Ctrl+G】或【Shift+Ctrl+G】）

说明：编组是将若干个对象合并到一个组中，作为一个单元同时进行处理。

步骤：

1. 选择目标【编组】或【取消编组】的对象。

2. 鼠标右键单击【编组】或【取消编组】命令。

3. 或执行菜单【对象 / 编组】或【对象 / 取消编组】命令。

（二）扩展对象

说明：扩展对象是将单一对象分割成若干个对象，这些对象共同组成其外观。

步骤：

1. 选择对象。

2. 执行【对象 / 扩展】。

3. 设置选项后，单击【确定】按钮。

◆填色：扩展填色。

◆描边：扩展描边。

◆渐变网格：将渐变扩展为单一的网格对象。

三、移动、对齐和分布对象

（一）移动对象

说明：移动对象（图 6-3-5）。

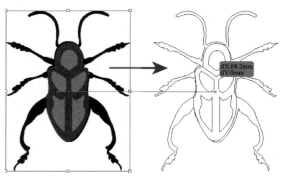
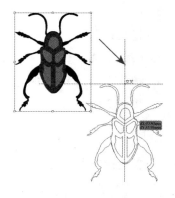

图6-3-5　移动对象

步骤：

1. 应用【选择】或【直接选择】工具拖动对象。

2. 应用键盘上的方向键移动对象。

3. 选中对象，按下【Enter】键，在弹出的面板或对话框中输入精确数值。

4. 按住【Shift】键可将移动限制为邻近的 45°角。

特性：使用【智能参考线】、【对齐点】和【对齐网格】命令可以帮助准确定位对象。

（二）对齐和分布对象

说明：沿指定的轴对齐或分布所选对象。

步骤：

1. 选中要对齐或分布的对象。

2. 执行菜单【窗口 / 对齐】，弹出面板（图 6-3-6）。

3. 单击面板中的【对齐】或【分布】按钮，得到效果（图 6-3-7）。

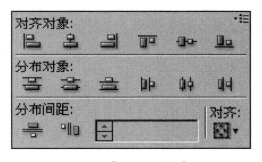

图6-3-6 【对齐和分布】面板

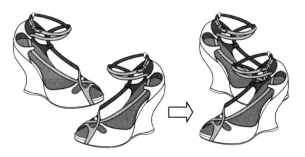

图6-3-7 对象左对齐

四、旋转和镜像对象

（一）旋转对象

说明：使对象围绕指定的固定点翻转。默认的参考点是对象的中心点。

步骤：

方法一：定界框旋转对象（图 6-3-8）。

1. 选择一个或多个目标对象。

2. 使用【选择】工具 ，将鼠标指针移近一个定界框角点，待指针形状变为 之后再拖动鼠标。

方法二：【自由变换】工具旋转对象（图 6-3-9）。

1. 选择一个或多个目标对象。

2. 选择【自由变换】工具 。

方法三：使用【旋转】工具旋转对象（图 6-3-10）。

图6-3-8　定界框旋转　　　图6-3-9　用【自由变换】旋转　图6-3-10　用【旋转】工具旋转

1. 选择一个或多个目标对象。

2. 选择【旋转】工具 。

3. 请执行下列任一操作：

◆ 若要使对象围绕其中心点旋转，请在窗口的任意位置拖动鼠标指针做圆周运动。

◆ 若要使对象围绕其他参考点旋转，请单击窗口中的任意一点，以重新定位参考点，然后将指针从参考点移开，并拖动指针做圆周运动。

◆ 若要旋转对象的副本，而非对象本身，请在开始拖动之后按住【Alt】键（Windows）或【Option】键（Mac OS）。

（二）镜像对象

说明：为指定的不可见的轴翻转对象。要指定镜像轴，双击【镜像】工具，弹出对话框（图6-3-11）。

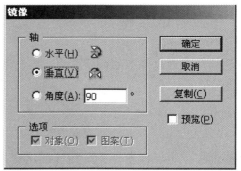

图6-3-11　镜像对象

步骤：

1. 选择目标对象，单击【镜像】工具 。

2. 按住【Alt】键，在页面中任意位置点击对称轴。

五、复制、锁定和隐藏对象

（一）复制对象

说明：对选定的对象进行复制。

步骤：

1. 选择一个或多个目标对象。

2. 单击【选择】、【直接选择】或【编组选择】工具。

3. 按住【Alt】键 (Windows) 或【Option】键 (Mac OS)，移动所选对象。

（二）锁定对象

说明：锁定目标对象，可防止对象被选择和编辑。

步骤：

1. 选择一个或多个目标对象。

2. 执行菜单【对象 / 锁定 / 所选对象】命令。

3. 按住【Alt+Ctrl+2】组合键，解锁。或者单击【图层】面板中与要解锁的对象或图层对应的锁图标 。

（三）隐藏对象

说明：对选定的对象进行隐藏。

步骤：

1. 选择一个或多个目标对象。

2. 执行菜单【对象 / 隐藏 / 所选对象】命令。或者单击【图层】面板中的眼睛图标

3. 按住【Alt+Ctrl+3】组合键，显示对象。

第四节　改变对象形状

一、变换

说明：是针对所选对象进行移动、旋转、镜像、缩放和倾斜的操作。

步骤：

1. 可以使用【窗口 / 变换】面板或【对象 / 变换】命令（图 6-4-1）。

2. 可以拖动选区的定界框来完成多种变换类型。使用定界框对选定对象进行缩放之前（左图）与之后（右图）（图 6-4-2）。

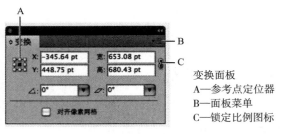

变换面板
A—参考点定位器
B—面板菜单
C—锁定比例图标

图6-4-1 【变换】面板

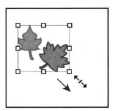

图6-4-2 缩放对象

3. 按下组合键【Ctrl+D】(【再次变换】)命令可以对同一变换操作重复数次。

二、缩放

说明：对象沿水平或垂直方向放大或缩小。

步骤：

方法一：使用定界框缩放对象（图 6-4-3）。

1. 用【选择】工具，选择一个或多个对象。

2. 拖动定界框手柄，直至对象达到所需大小。

3. 在对角拖动时按住【Shift】键，可以保持对象的比例。

4. 按住【Alt】(Windows) 或【Option】(Mac OS)，相对于对象中心点进行缩放。

方法二：使用【缩放】工具缩放对象（图 6-4-4）。

1. 选择一个或多个对象。单击【缩放】工具 。

2. 在对象任意位置拖动鼠标，可以相对于对象中心点缩放。

3. 在对角拖动时按住【Shift】键，可以保持对象的比例不变。

方法三：将对象缩放到特定宽度和高度（图 6-4-5）。

1. 选择一个或多个对象。

2. 在【变换】面板中【宽度】和 / 或【高度】框中输入目标数值。

3. 要保持对象的比例，请单击锁定比例按钮 ，然后按【Enter】键。

三、倾斜对象

说明：沿水平或垂直轴，或相对于特定轴的特定角度，倾斜或偏移对象。在倾斜对象时，既可以锁定对象的一个维度，也可以同时倾斜一个或多个对象。倾斜对于创建投影十分有用。

步骤：

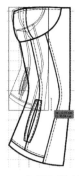 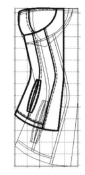 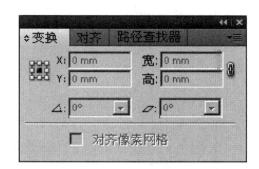

图6-4-3　定界框缩放　　图6-4-4　【缩放】工具　　　　图6-4-5　【变换】面板

1. 选择一个或多个对象。然后执行【对象 / 变换 / 倾斜】命令，或者双击【倾斜】工具 ■。

2. 按住【Alt】(Windows) 或【Option】(Mac OS) 键，单击窗口中目标作为参考点的位置。

3. 在【倾斜】对话框中，输入倾斜角度值，选择倾斜轴。

4. 如果对象包含图案填充，请选择【图案】以移动图案。如果只想移动图案，而不想移动对象的话，请取消选择【对象】。

5. 单击【确定】，或者单击【复制】以倾斜对象的副本。

四、扭曲对象

说明：使用【自由变换】工具扭曲对象。

步骤：

方法一：使用【自由变换】工具扭曲对象（图 6-4-6 ）。

1. 选择一个或多个对象。

2. 选择【自由变换】工具 ■。

3. 拖动定界框上的角手柄 (不是侧手柄)，然后按住【Ctrl】键 (Windows) 或【Command】键 (Mac OS)，直至所选对象达到所需的扭曲程度，或者按住组合键【Shift+Alt+Ctrl】(Windows) 或组合键【Shift+Option+Command】(Mac OS) 达到透视扭曲。

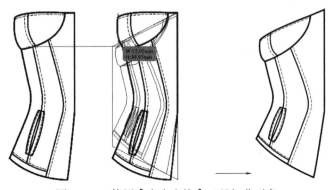

图6-4-6　使用【自由变换】工具扭曲对象

方法二：使用封套扭曲对象。

1. 选择一个或多个对象。

2. 执行【对象 / 封套扭曲 / 用变形建立】命令。在【变形选项】对话框中（图 6-4-7），选择一种变形样式。

3. 或者执行【对象 / 封套扭曲 / 用网格建立】命令。在【封套网格】对话框中（图 6-4-8），设置行数和列数。

4. 或者执行【对象 / 封套扭曲 / 用顶层对象建立】命令。

5. 使用【直接选择】或【网格】工具拖动封套上的任意锚点。选择锚点，按【Delete】键可以删除锚点。

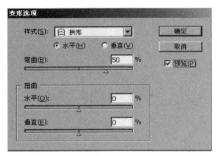 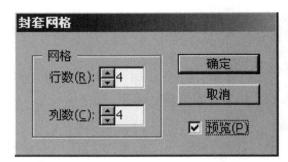

图6-4-7　【变形】对话框　　　　　　图6-4-8　【封套网格】对话框

五、路径查找器

说明：将所选对象组合成多种新的形状（图 6-4-9）。

步骤：

1. 选中至少两个以上的对象。按下组合键【Shift+Ctrl+F9】，打开【路径查找器】面板（图 6-4-10）。

2. 单击任意一个【形状模式】按钮。

◆ 相加：描摹所有对象的轮廓。

◆ 相减：从最后面的对象中减去最前面的对象。

◆ 交集：描摹被所有对象重叠的区域轮廓。

◆ 差集：描摹对象所有未被重叠的区域，并使重叠区域透明。

◆ 分割：将一份图稿分割为作为其构成成分的填充表面。

◆ 修边：删除已填充对象被隐藏的部分，不会合并相同颜色的对象。

◆ 合并：删除已填充对象被隐藏的部分，会合并相同颜色或重叠的对象。

◆ 裁剪：将图稿分割为作为其构成成分的填充表面，然后删除图稿中所有落在最上方对象边界之外的部分。

◆ 轮廓：将对象分割为其组件线段或边缘。

◆  减去后方对象：从最前面的对象中减去后面的对象。

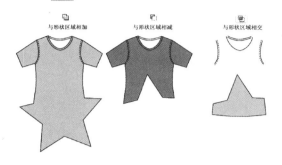

图6-4-9　各种效果

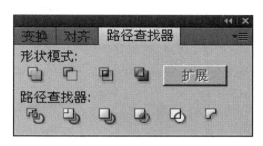

图6-4-10　【路径查找器】面板

六、描边(【Ctrl+F10】)

可以使用【描边】面板（图 6-4-11）【窗口 / 描边】来指定线条是实线还是虚线。可以设置虚线次序（如果是虚线）、描边粗细、描边对齐方式、斜接限制以及线条连接和线条端点的样式。

图6-4-11　【描边】面板

七、创建虚线

说明：可以通过编辑对象的描边属性来创建一条点线或虚线。

步骤：

1．选择对象。

2．在【描边】面板中选择【虚线】。如果未显示【虚线】选项，请从【描边】面板菜单中选择【显示选项】。

3．通过输入短划的长度和短划间的间隙来指定虚线次序。输入的数字会按次序重复，因此只要建立了图案，则无须再一一填写所有文本框（图 6-4-12）。

4．选择端点选项可更改虚线的端点。【平头端点】选项用于创建具有方形端点的虚线；【圆头端点】选项用于创建具有圆形端点的虚线；【方头端点】选项用于扩展虚线端点。

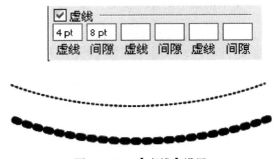

图6-4-12 【虚线】设置

本章小结

1．服装款式矢量图都是由基本形状构成，基本形状包括开放式各种形态线段和闭合式封闭图形。

2．基本形状的绘制要配合不同的按键（如【Ctrl】、【Shift】等），可以表现不同的效果。

3．【描边】面板的设置与修改可以改变线条轮廓。

4．任何工具编辑状态下，只要按住【空格】键，切换为【抓手】工具，即可移动画面；按住【Ctrl】键，即可切换为【选择】工具。

思考练习题

1．如何用基本形状工具绘制各种服装纽扣？

2．如何用基本形状工具绘制各种腰带搭扣？

3．用Illustrator CS5所学工具完成下图的绘制。

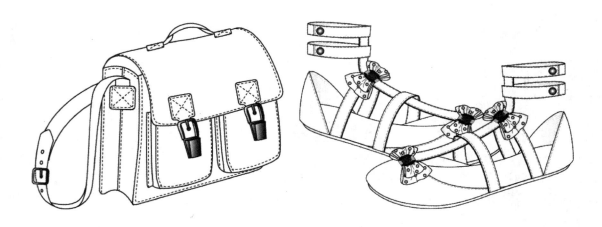

应用理论与训练——

第七章　服装款式造型设计

课题名称： 服装款式造型设计

课题内容： 单品绘制

　　　　　　对jpg手稿图的处理

课题时间： 6学时

教学目的： 运用Illustrator CS5软件绘图工具熟练地绘制各种类型的服装款式图，并对jpg格式手稿图进行编辑与处理。通过课堂训练，加深学生对Illustrator CS5工具操作方法的掌握。

教学方式： 教师演示及课堂训练。

教学要求： 1．【钢笔】工具的熟练掌握与具体应用。

　　　　　　2．【描边】工具的熟练掌握与具体应用。

　　　　　　3．【镜像】工具的掌握与具体应用。

　　　　　　4．【吸管】工具的掌握与具体应用。

课前准备： 练习工具操作方法并搜集服装款式图资料。

第七章　服装款式造型设计

　　服装款式造型设计是指服装的外轮廓、内结构、零部件以及色彩、面料和配饰等多种因素组合而成的整体形象。Illustrator CS5 与 CorelDRAW X5 一样，其中的【钢笔】工具、【描边】工具、【画笔预设】等具备了快速绘制、修改服装外轮廓、内结构及零部件的能力。与 CorelDRAW X5 软件不同的是，Illustrator CS5 还具有可以直接将位图格式的手稿转换成矢量图的工具，并对服装色彩填充、面料设计进行修改与编辑。

第一节　服装款式图绘制

一、实例效果（图7-1-1）

图7-1-1　单品绘制实例效果

二、绘制步骤

　　1. 执行菜单【文件/新建】命令（快捷键【Ctrl+N】），新建一个文件（图 7-1-2）。

　　2. 在工具栏中选择【钢笔】工具 ✒，在左边的工具箱下方去掉填色，将描边色设置为 "红色"（图 7-1-3）。

　　3. 用【钢笔】工具 ✒ 绘制衣身的廓型（图 7-1-4）。

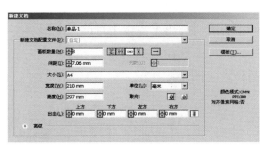

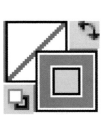

图7-1-2　新建文件　　　图7-1-3　颜色设置　图7-1-4　绘制衣身

4．执行菜单【视图 / 显示网格】命令。点击工具箱中的【直接选择】工具 ▶（快捷键【A】），修改衣身的锚点。在【钢笔】工具激活状态下，可以配合【增加 / 删除锚点】（快捷键【＋】/【－】），转换锚点【Shift+C】组合键等工具修改衣身轮廓，得到效果（图 7-1-5）。

5．用【钢笔】工具 ♦ 绘制袖子的廓型，用【直接选择】工具 ▶（快捷键【A】），修改袖子的形状（图 7-1-6）。

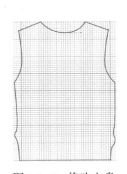
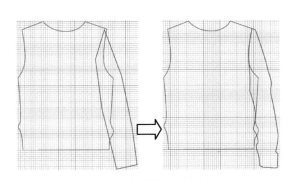

图7-1-5　修改衣身　　　　　图7-1-6　绘制袖子并调整

6．用【选择】工具（快捷键【V】）选中袖子，填充为"白色"（图 7-1-7）。

7．用【钢笔】工具 ♦ 绘制袖口和添加衣纹线条（图 7-1-8）。

8．用【魔棒】工具点选绿色，袖子全部被选中；或者用【选择】工具配合【Shift】键选中整个袖子，按下组合键【Ctrl+G】编组（图 7-1-9）。

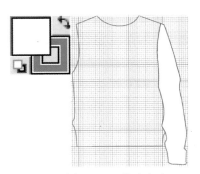
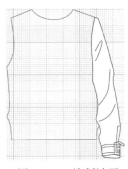
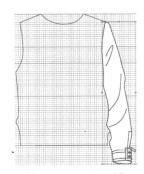

图7-1-7　修改衣身　　　　图7-1-8　绘制袖子　　　　图7-1-9　调整顺序

9. 用【选择】工具选中编组后的袖子，打开工具箱中的【镜像】工具 ，按住【Alt】键在页面中任意位置单击（尽可能靠近衣身的中心线），弹出【镜像】对话框（图7-1-10），设置参数后点击【复制】按钮（图7-1-11）。

10. 用【选择】工具选中右袖，移至合适位置（图7-1-12）。

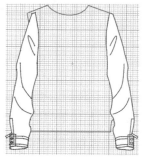
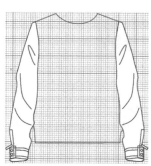

图7-1-10　【镜像】对话框　　　图7-1-11　复制对象　　　图7-1-12　调整位置

11. 用【钢笔】工具 绘制衣领形状，用【直接选择】工具修改调整（图7-1-13）。

12. 用【钢笔】工具 绘制门襟和下摆（图7-1-14）。

13. 用【椭圆】工具 绘制扣子，选中扣子配合【Alt】键移动复制扣子（图7-1-15）。

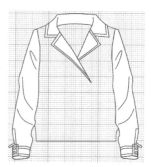

图7-1-13　绘制领子　　　图7-1-14　绘制门襟及下摆　　　图7-1-15　绘制扣子

14. 为对象描边。使用描边面板【窗口/描边】来指定线条，是实线还是虚线；虚线顺序及其他虚线调整（如果是虚线），描边粗细，描边对齐方式、斜接限制、箭头、宽度配置文件和线条连接的样式及对线条端点进行设置（图7-1-16）。

15. 修改缝纫线。选中下摆处的黑色线条，在描边面板中勾选【虚线】，设置【虚线】为"4pt"，间隙为"2pt"，按【Enter】键确定（图7-1-17）。

16. 选中其他需要修改的地方，然后单击【吸管】工具 ，在虚线上单击一下，虚线被复制到选中的对象上（图7-1-18）。

17. 按照同样的方法可以修改袖口的缝纫线（图7-1-19）。（技巧：配合【Shift】键可以同时选择多个对象）

图7-1-16 【描边】面板

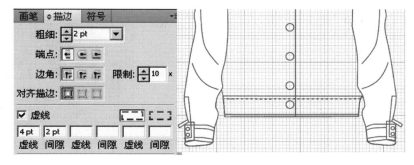

图7-1-17 缝纫线迹设置

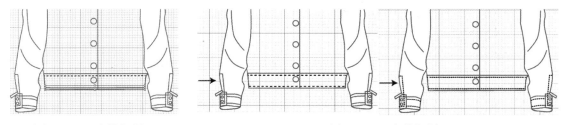

图7-1-18 虚线复制1　　　　　　　　　　图7-1-19 虚线复制2

18. 全选对象，将【描边色】设置为"黑色"（图 7-1-20）。

19. 选中衣身，将【填充色】设置为"白色"，填充"白色"（图 7-1-21）。

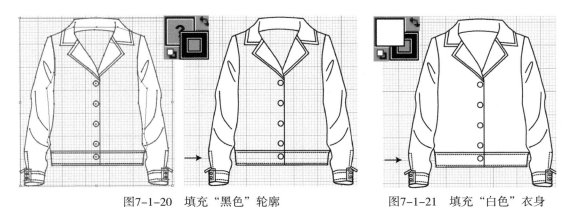

图7-1-20 填充"黑色"轮廓　　　　　　　图7-1-21 填充"白色"衣身

20. 绘制下摆罗纹。先选中下摆轮廓（图 7-1-22），打开菜单【窗口 / 色板】（图 7-1-23）。

21. 鼠标左键点击色板面板右上角的【小三角】，弹出子菜单，执行【打开色板库 / 图案 / 基本图形 / 线条】,弹出【基本图形 – 线条】面板（图 7-1-24），挑选【格线条标尺 1】，置于下摆轮廓中（图 7-1-25）。

22. 如果对下摆的线条填充不满意，可以通过执行菜单【对象 / 变换 / 缩放】等命令进行修改（图 7-1-26）。

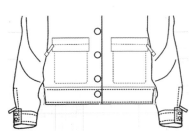

图7-1-22　选中对象

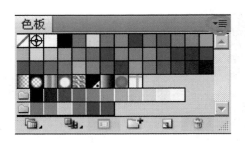

图7-1-23　【色板】面板

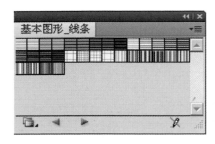

图7-1-24　【线条】对象

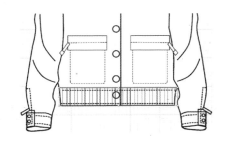

图7-1-25　线条效果

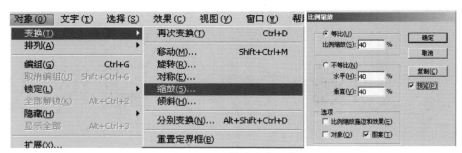

图7-1-26　【缩放】对象

23. 按照同样的操作方法，画袖口罗纹效果（图 7-1-27）。

24. 画口袋，完善细节，全选后，按住组合键【Ctrl+G】将对象编组（图 7-1-28）。

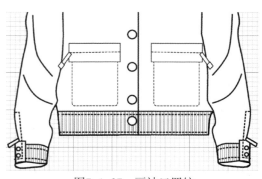

图7-1-27　画袖口罗纹

图7-1-28　最后效果

第二节　对jpg手稿图的处理

一、实例效果（图7-2-1）

图7-2-1　手稿图处理实例效果

二、处理步骤

1. 执行菜单【文件 / 打开】命令，打开一张手稿图（图 7-2-2）。

2. 选中图片，双击工具箱中的【旋转】工具 🔄（快捷键【R】），弹出【旋转】对话框（图 7-2-3），输入角度"-90"，点击【确定】按钮（图 7-2-4）。

3. 选中图片，执行菜单【对象 / 实时描摹 / 建立并扩展】命令，弹出【警告】对话框，点击【确定】按钮，此时对象转换为矢量图（图 7-2-5）。

4. 选中对象，鼠标右键单击，执行【取消编组】命令（图 7-2-6）。

5. 用选择工具选中不需要的背景部分，单击【Delete】键，将其删除（图 7-2-7）。

图7-2-2　打开文件　　　　图7-2-3　【旋转】对话框　　　图7-2-4　旋转文件

图7-2-5　矢量图　　　　　图7-2-6　取消并隔离组　　　　图7-2-7　删除背景

　　6. 打开菜单【窗口 / 颜色】，单击颜色面板右上角的小三角，在弹出的子菜单中选中【RGB】颜色模式（图 7-2-8）。

　　7. 用【直接选择】工具（快捷键【A】），选中面部轮廓，设置前景色肤色【R】为"249"，【G】为"234"，【B】为"217"（图 7-2-9）。

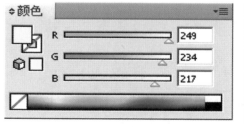

图7-2-8　选择RGB模式　　　　　图7-2-9　填充肤色

　　8. 用【直接选择】工具选中颈部，然后单击工具箱中的【吸管工具】（快捷键【I】），此时鼠标变成【吸管】图标，单击面部，肤色被复制到选中的颈部对象上（图 7-2-10）。

9. 重复上面的操作, 可以填充所有的肤色 (图 7-2-11)。对于局部无法选中位置 (画圈部分), 要用【钢笔】工具 按照轮廓重新绘制, 填充颜色后, 鼠标右键单击执行【排列 / 置于底层或置于顶层】命令, 是选择顶层还是底层要根据图片的实际情况而定 (图 7-2-12)。

图7-2-10　复制填充　　　　图7-2-11　填充肤色　　　　图7-2-12　调整顺序

10. 用【直接选择】工具 (快捷键【A】) 配合【Shift】键, 选中上衣局部, 单击颜色面板右上角的按钮, 选择【CMYK】颜色模式, 设置前景色为 "黄色", 进行填充 (图 7-2-13)。

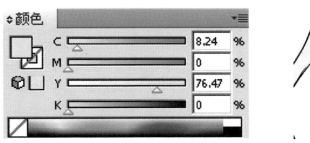
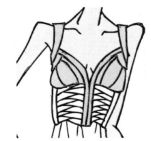

图7-2-13　填充

11. 用【直接选择】工具 (快捷键【A】) 选中上衣红色部分, 打开菜单【窗口 / 渐变】, 双击【色标】(红圈内) 可以弹出【颜色】面板, 更换任意的颜色。还可以在【渐变滑块】下方任意空白位置单击可以添加色标的数量, 选中【色标】后点击右边的【垃圾桶】可以删除色标 (图 7-2-14)。

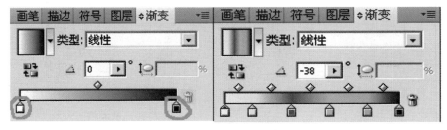

图7-2-14　【渐变填充】设置

12. 用【直接选择】工具（快捷键【A】）配合【Shift】键，选中需要填充的部分（自由设计），然后单击工具箱中的【吸管】工具（快捷键【I】），此时鼠标变成【吸管】图标，在渐变部分单击，渐变色复制到被选中的部分（图7-2-15）。

13. 用【直接选择】工具（快捷键【A】）配合【Shift】键，选中剩余的白色部分，单击工具箱中的【吸管】工具在黄色部分单击（图7-2-16）。

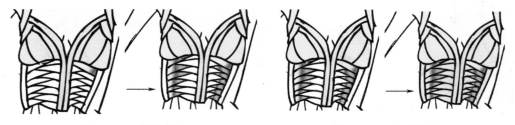

图7-2-15　渐变填充　　　　　　　　　图7-2-16　复制填充

14. 点击【色板】面板右上角的按钮 ▼☰，弹出子菜单执行【打开色板库 / 图案 / 装饰 / 花饰】，弹出【装饰 _ 花饰】面板（图7-2-17），选中"中式扇贝颜色"，按住鼠标左键不松手，将其拖放至页面中，修改颜色（图7-2-18）。

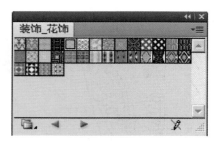

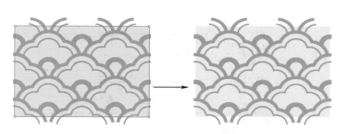

图7-2-17　"花饰"面板　　　　　　　图7-2-18　改变颜色

15. 选中修改后的图形，将其拖回至【色板】面板中，新的色板出现（图7-2-19）。

16. 用【直接选择】工具选中裙子部分，然后单击【色板】面板中的新色板，得到效果（图7-2-20）。

图7-2-19　【色板】面板　　　　　　图7-2-20　色板填充对象

17. 执行菜单【对象 / 变换 / 缩放】命令，弹出对话框，等比缩放"40%"，勾选【图案】，完成后点击【确定】按钮（图 7-2-21）。

18. 选中裙子的剩余部分，用【吸管】工具进行填充（图 7-2-22）。

图7-2-21　【比例缩放】面板　　　　　　　　图7-2-22　复制填充

19. 对于选不中的局部，要采用【钢笔】工具沿着轮廓绘制一个封闭的区域，填充后，鼠标右键单击执行【排列 / 置于底层】命令（图 7-2-23）。

20. 用【直接选择】工具（快捷键【A】）配合【Shift】键，选中手袋部分，点击【色板】面板右上角的按钮 ，弹出子菜单执行【打开色板库 / 图案 / 装饰 / 花饰】，应用【花饰】面板中"埃及式装饰品颜色"，进行填充（图 7-2-24）。

21. 用【色板】库中的图案填充鞋子并完善细节。添加背景并应用透明，得到最后效果（图 7-2-25）。

图7-2-23　填充　　　　　图7-2-24　填充手袋　　　　　图7-2-25　最后效果

本章小结

1. 接触式的框选可以快速地选择所需要的对象。

2. 运用【钢笔】工具可以轻松地绘制各种直线、曲线，按住【Shift+C】组合键可以快速地在角点和平滑点之间相互切换。

3．【镜像】工具配合【Alt】键可以定位任意的镜像轴。

4．【吸管】工具不但可以吸取任意的颜色，还可以吸取对象的【填充】与【描边】。

5．【变换】命令对于服装图案填充的修改非常方便。

思考练习题

1．如何处理jpg格式的手稿图？

2．运用本章所学的内容，完成以下款式矢量图的绘制。

应用理论与训练——

第八章　服装的上色与填充

课题名称：服装的上色与填充

课题内容：单色填充

　　　　　　透明、渐变填充

　　　　　　图案填充

课题时间：6学时

教学目的：通过本章学习，能为服装款式线描图快速地填充各种颜色及印花图案，并根据设计的需求可以制作出不同的颜色效果，以及轻松地调用其他格式（如位图）印花图片，进行填充。

教学方式：教师演示及课堂训练。

教学要求：1．掌握透明和渐变填充的设置与修改。

　　　　　　2．熟练掌握色板填充的方法与技巧。

　　　　　　3．掌握路径填充的方法与技巧。

　　　　　　4．掌握封套填充的方法与步骤。

课前准备：绘制一些服装矢量款式图。

第八章 服装的上色与填充

Illustrator CS5 对于服装的上色和填充具有多种途径。除了传统的单色、透明、渐变、网格填充之外还具备了【实时上色】填充；同时还可以选择色板中的【图案】填充、路径的【裁剪】填充以及【封套】填充等方式。在填充的过程中也并非只局限于常规的操作方法。例如，在利用色板中的【图案】填充时，就可以对各种填充的属性设置进行编辑、调整与修改，以求得变化万千的填充效果，从而达到设计之目的。

第一节 服装的单色填充

一、色彩模式

（一）RGB 颜色模型（显示模式）

RGB 颜色模式是一种最基本、使用最为广泛的颜色模式，它的组成颜色是 R(Red) 红色、G(Green) 绿色、B(Blue) 蓝色（图 8-1-1）。RGB 模式是一种光色模式，起源于有色光的三原色理论，即任何一种颜色都可以用红、绿、蓝这三种基本颜色的不同比例和纯度混合而成，由于 RGB 颜色合成可以产生白色，因此也称它们为加色。RGB 模式应用最广泛的就属计算机的显示器了，因为它是通过把红色、绿色和蓝色的光组合起来产生颜色的。

通过 RGB 这三种颜色叠加，可以产生许多不同的颜色，它可以是每个通道中 256 个数值的任何一个，由此可以算出 256×256×256=16777216，即 RGB 图像通过三种颜色或通道，可以在屏幕上重新生成多达 1670 万种颜色。

（二）CMYK 模式（打印模式印刷色）

屏幕使用 RGB 模型显示颜色，但是若需把显示器上看到的颜色再现到纸上，将使用墨水来调配而不是光色。在纸上再现颜色的常用方法是把青色、品红色、黄色和黑色的油墨组合起来，根据各种原色的百分比值调配出不同的颜色，这也就是印刷业普遍采用的颜色模型 CMYK。其中 C(Cyan) 代表青色、M(Magenta) 代表品红色、Y(Yellow) 代表黄色、K(Black) 代表黑色（图 8-1-2）。用 K 代表黑色，是因为若用 B(Black) 来代表黑色，将与 RGB 中的 B(Blue) 重复，为避免混淆，所以使用 K 表示黑色。

（三）HSB 模式

HSB（图 8-1-3）模型以人类对颜色的感觉为基础，描述了颜色的三种基本特性：

色相——反射自物体或投射自物体的颜色。在 0~360° 的标准色轮上，按位置度量色相。在通常的使用中，色相由颜色名称标志，如红色、橙色或绿色。

饱和度——颜色的强弱或纯度（有时称为色度）。饱和度表示色相中灰色分量所占的比例，它使用从 0（灰色）~100%（完全饱和）的百分比来度量。在标准色轮上，饱和度从中心到边缘递增。

亮度（明度）——亮度是颜色的相对明暗程度，通常使用从 0（黑色）~100%（白色）的百分比来度量。

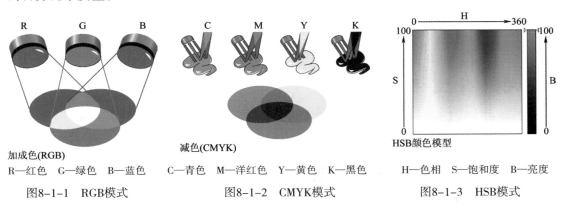

加成色(RGB)
R—红色　G—绿色　B—蓝色
图8-1-1　RGB模式

减色(CMYK)
C—青色　M—洋红色　Y—黄色　K—黑色
图8-1-2　CMYK模式

HSB颜色模型
H—色相　S—饱和度　B—亮度
图8-1-3　HSB模式

二、拾色器

拾色器可以通过选择色域和色谱、定义颜色值或单击色板的方式，选择对象的填充颜色或描边颜色（图 8-1-4）。

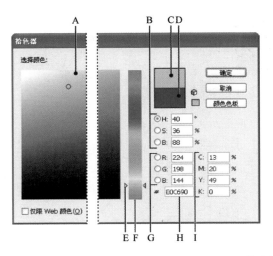

A—色域
B—HSB颜色值
C—新颜色矩形
D—原始颜色矩形
E—颜色滑块
F—色谱
G—RGB 颜色值
H—十六进制颜色值
I—CMYK颜色值

图8-1-4　【拾色器】面板

三、颜色面板（图8-1-5）

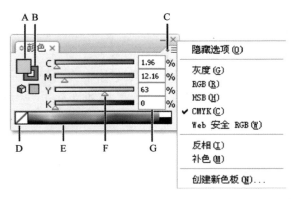

A—填充颜色
B—描边颜色
C—面板菜单
D—"无"框
E—色谱条
F—颜色滑块
G—颜色成分的文本框

图8-1-5 【颜色】面板

四、填充和描边控件

在【工具箱】面板，【控制】面板和【颜色】面板中都提供了用于设置【填充】和【描边】的控件（图 8-1-6）。

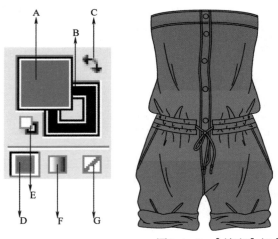

A—【填充】按钮（通过双击此按钮，可以使用拾色器来选择填充颜色）
B—【描边】按钮（通过双击此按钮，可以使用拾色器来选择描边）
C—【互换填色】和【描边】按钮
D—【颜色】按钮（通过单击此按钮，可以将上次选择的纯色应用于具有渐变填充或者没有描边或填充的对象）
E—【默认填色】和【描边】按钮
F—【渐变】按钮
G—【无】按钮（通过单击此按钮，可以删除选定对象的填充或描边）

图8-1-6 【填充】与【描边】控件

五、服装单色填充实例

（一）单色填充实例效果（图 8-1-7）

（二）单色填充操作步骤

1. 执行菜单【文件 / 打开】命令，打开一张款式图。用【选择】工具（快捷键【V】）

图8-1-7 单色填充效果

选中目标填充部分（图 8-1-8）。

2. 单击【工具箱】面板或【颜色】面板中的【填色】框。此操作表示将要应用【填色】，而不是应用【描边】（图 8-1-9）。

3. 执行以下操作之一以选择填充颜色。

◆ 单击【控制】、【颜色】、【色板】、【渐变】面板或色板库中的颜色。

◆ 双击【填色】框，弹出【拾色器】面板（图 8-1-10），点选任意颜色后点击【确定】按钮。

◆ 选择【吸管】工具，然后按住【Alt】键 (Windows) 或【Option】键 (Mac OS) 并单击某个对象以应用当前属性，其中包括"当前填充"和"描边"。

   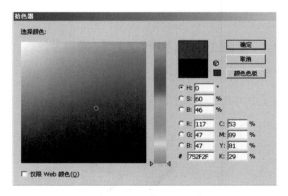

图8-1-8 打开文件　图8-1-9 【填色】框　　　图8-1-10 【拾色器】

4. 颜色即被填充在所选对象中（图 8-1-11）。

5. 用【直接选择】工具（快捷键【A】），配合【Shift】键加选剩余的部分（图 8-1-12）。

6. 选中工具箱中的【吸管】工具（快捷键【I】），点击填充完的颜色，颜色即被复制在所选对象中（图 8-1-13）。

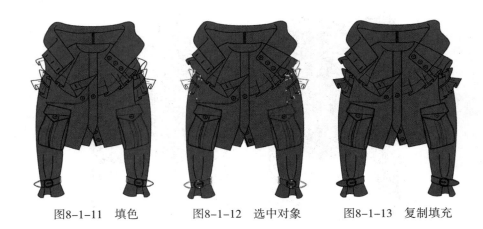

图8-1-11　填色　　　　　　　图8-1-12　选中对象　　　　　　图8-1-13　复制填充

第二节　服装的实时上色

"实时上色"是一种创建彩色图画的直观方法。通过采用这种方法，可以使用Illustrator CS5中所有矢量绘画工具，而将绘制的全部路径视为在同一平面上。也就是说，没有任何路径位于其他路径之后或之前。实际上，路径将绘画平面分割成几个区域，可以对其中的任何区域进行着色，而不论该区域的边界是由单条路径还是多条路径段确定的，如同对画布或纸上的绘画进行着色一样。另外，还可以使用不同颜色为每个路径段描边，并使用不同的颜色、图案或渐变填充每个路径。非常适合用于服装上的多色彩及不规则块面填充要求。

一、普通上色与实时上色效果区别

普通上色对象之间有前后之分，前面对象的颜色会覆盖后面对象的颜色。而执行【实时上色】后所有对象位于同一平面，相交叠的部分也可以填充颜色（图8-2-1）。

普通上色　　　　　　　　　实时上色

图8-2-1　普通上色与实时上色

二、修改实时上色

修改实时上色组中的路径时，Illustrator CS5将使用现有组中的填充和描边对修改的或新的表面和边缘进行着色（图 8-2-2）。如果不是所希望的效果，可以使用实时上色工具重新应用所需的颜色。

图8-2-2　修改实时上色

三、服装实时上色

（一）实例效果（图 8-2-3）

图8-2-3　实时上色实例效果

（二）服装实时上色操作步骤

1. 执行菜单【文件 / 打开】命令，打开一张款式图（图 8-2-4）。
2. 用【直接选择】工具（快捷键【V】）框住整个对象，全选，填充一个单色（图 8-2-5）。

图8-2-4　打开文件

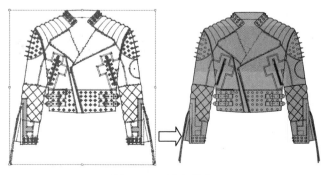

图8-2-5　填充单色

3. 再次全选对象，执行菜单【对象 / 实时上色 / 建立】（快捷键【Alt+Ctrl+X】），然后打开工具箱中【实时上色】工具 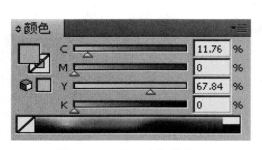（快捷键【K】）。打开【颜色】面板中的 "CMYK" 模式（图 8-2-6），选中 "黄色" 后，应用【实时上色】工具 在目标填充区域单击，颜色即被填充（图 8-2-7）。

图8-2-6　"CMYK" 模式

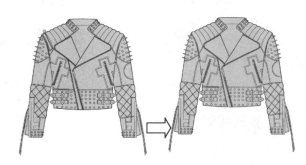

图8-2-7　实时上色

4. 在【颜色】面板中选择任意颜色后，按快捷键【I】，打开【吸管】工具，点吸任意颜色，再按快捷键【K】，打开【实时上色】工具，分别将颜色填充到目标区域，得到最后效果（图 8-2-8）。

图8-2-8　最后效果

第三节　服装的透明度、渐变、网格填充

一、透明度面板

可以使用【透明度】面板【窗口 / 透明度】来指定对象的不透明度和混合模式，创建不透明蒙版（图 8-3-1）。

图8-3-1 【透明度】面板及应用透明效果

二、混合模式

混合模式可以用不同的方式将对象颜色与底层对象的颜色混合。当一种混合模式应用于某一对象时，在此对象的图层或组下方的任何对象上都可看到混合模式的效果（图8-3-2）。

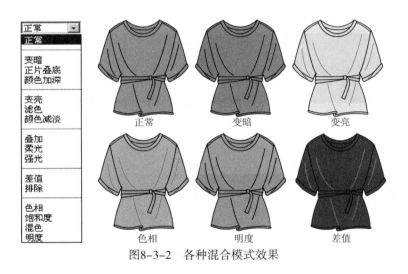

图8-3-2 各种混合模式效果

三、渐变

（一）【渐变】面板（窗口 / 渐变）（图 8-3-3）

在【渐变】面板中，【渐变填色】框显示当前的渐变色和渐变类型。单击【渐变填充】框时，选定的对象将填入此渐变。紧靠此框的右侧是【渐变】菜单，此菜单列出可供选择的所有默认渐变和预存渐变。在列表的底部是【存储渐变】按钮，单击该按钮可将当前渐变设置存储为色板。

默认情况下，此面板包含开始和结束颜色框，但可以通过单击【渐变滑块】中的任意位置来添加更多的颜色框。双击"渐变色标"可打开渐变色标颜色面板,从而可以从【颜色】面板和【色板】面板选择一种颜色。

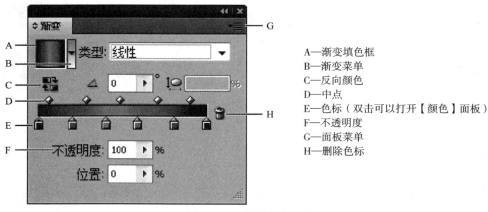

A—渐变填色框
B—渐变菜单
C—反向颜色
D—中点
E—色标(双击可以打开【颜色】面板)
F—不透明度
G—面板菜单
H—删除色标

图8-3-3 【渐变】面板

(二)【渐变】工具 ([G])

使用【渐变】工具可以添加或编辑渐变。在未选中的非渐变填充对象中单击【渐变】工具时,将使用上次使用的渐变来填充对象。【渐变】工具提供【渐变】面板所提供的大部分功能。选择渐变填充对象并选择【渐变】工具时,该对象中将出现一个渐变条(图8-3-4)。可以使用这个渐变条来修改线性渐变的角度、位置和外扩陷印,或者修改径向渐变的焦点、原点和外扩陷印。

将鼠标放置在渐变条上时,它将变为具有渐变色标和位置指示器的渐变滑块(与【渐变】面板中的渐变滑块相同)。可以单击滑块以添加新渐变色标,双击各个渐变色标可指定新的颜色和不透明度设置,或将渐变色标拖动到新位置(图8-3-5)。

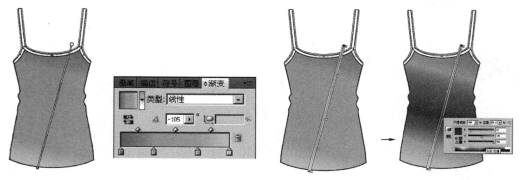

图8-3-4 【渐变】设置   图8-3-5 渐变条填充效果

（三）渐变效果（图8-3-6）

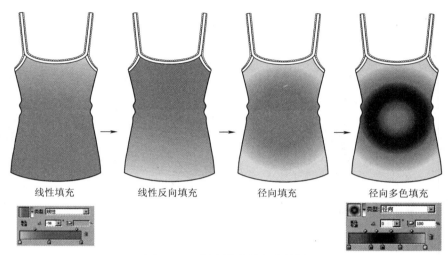

线性填充　　　　　　线性反向填充　　　　　径向填充　　　　　　径向多色填充

图8-3-6　渐变填充的各种效果

四、网格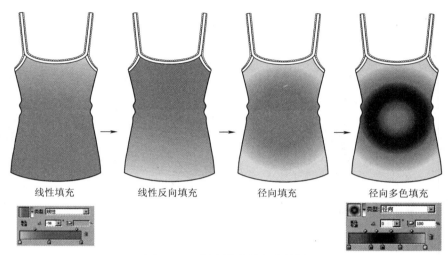

　　网格对象是一种多色对象，其上色可以沿不同方向顺畅分布且从一点平滑过渡到另一点。创建网格对象时，将会有多条线（称为网格线）交叉穿过对象，这为处理对象上的颜色过渡提供了一种简便方法。通过移动和编辑网格线上的点，可以更改颜色的变化强度，或者更改对象上的着色区域范围。

　　在两网格线相交处有一种特殊的锚点，称为网格点。网格点以菱形显示，且具有锚点的所有属性，只是增加了接受颜色的功能，可以添加和删除网格点、编辑网格点，或更改与每个网格点相关联的颜色。【网格】工具对于服装色彩的渐变以及人物绘画具有强大的功能。

（一）使用不规则的网格点图案来创建网格对象

　　1. 按住【V】键，选择对象（图8-3-7）。

　　2. 单击工具箱中的【网格工具】按钮 ，然后在对象任意位置单击，添加一个网格线，继续单击可添加其他网格线（图8-3-8）。

　　3. 按下快捷键【A】，点选一个网格点，然后在【颜色】面板中选择任意颜色，即被置入到网格点上（图8-3-9）。

　　4. 修改编辑网格点。如果对于网格点的位置不满意，可以按下快捷键【A】选择网格点，然后拖动手柄移动修改（图8-3-10）。

　　5. 删除网格点。选中网格点后，按下【Delete】键即可将其删除（图8-3-11）。

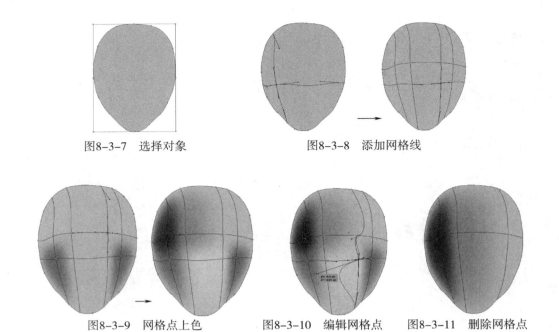

图8-3-7　选择对象　　　　　　　　图8-3-8　添加网格线

图8-3-9　网格点上色　　　图8-3-10　编辑网格点　　图8-3-11　删除网格点

（二）使用规则的网格点图案创建网格对象

1. 选择对象，然后执行菜单【对象 / 创建渐变网格】命令，弹出【创建渐变网格】对话框（图 8-3-12）。

2. 在对话框中设置"行"和"列"数，然后从【外观】菜单中选择高光的方向：【平淡色】，在表面上均匀应用对象的原始颜色，从而导致没有高光；【至中心】，在对象中心创建高光；【至边缘】，在对象边缘创建高光。完成后点击【确定】按钮（图 8-3-13）。

3. 输入白色高光的百分比以应用于网格对象。值"100%"可将最大白色高光应用于对象；值"0%"不会在对象中应用任何白色高光（图 8-3-14）。

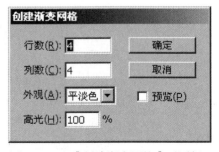

图8-3-12　【创建渐变网格】对话框　　　图8-3-13　设置　　　图8-3-14　网格填色效果
　　　　　　　　　　　　　　　　　　　　　 "行"和"列"

（三）将渐变填充对象转换为网格对象

1. 选择对象，执行菜单【对象 / 扩展】命令（图 8-3-15）。

2. 选择工具箱中的【网格填充】，然后在对象任意位置单击，添加网格线（图8-3-16）。

3. 用【直接选择】工具（快捷键【A】），选中任意网格点，在【颜色】面板点击合适颜色后，进行填充（图8-3-17）。

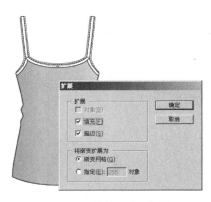
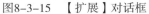

图8-3-15 【扩展】对话框　　图8-3-16 添加网格线　　图8-3-17 网格填色

第四节　服装的图案填充

一、【色板】图案填充

（一）利用【色板】图案填充的实例效果（图8-4-1）

图8-4-1 色板填充实例效果

（二）操作步骤

1. 执行菜单【文件 / 打开】命令，打开一张款式图（图 8-4-2）。

2. 按下快捷键【A】点击目标填充部分，在【色板】面板中打开【色板菜单】，点击面板右上角的按钮 ，弹出子菜单，执行【打开色板库 / 图案 / 自然 / 动物皮】，弹出【自然 _ 动物皮】子面板（图 8-4-3），此时选中任意图案后，在【色板】面板中出现该图案并单击，该图案被置入对象中（图 8-4-4）。

图8-4-2 打开文件并选中　　　图8-4-3 【色板】子面板　　　图8-4-4 色板图案填充

3. 执行菜单【对象 / 变换 / 缩放】命令，弹出对话框（图 8-4-5），【等比 / 比例缩放】设置为"25%"，在【选项】中勾选【图案】，完成后点击【确定】按钮（图 8-4-6）。

4. 按下快捷键【A】配合【Shift】键选中袖子部分。单击工具箱【吸管】工具（快捷键【I】），此时鼠标转换成【吸管】形状，单击衣身豹纹，图案被置入袖子上（图 8-4-7）。

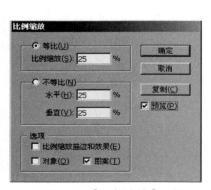

图8-4-5 【比例缩放】面板　　　图8-4-6 缩放后效果　　　图8-4-7 袖子填充

5. 按下快捷键【A】配合【Shift】键选中领子、袖口部分和口袋。双击【填色】按钮，弹出【拾色器】面板，选中颜色后，点击【确定】按钮（图8-4-8）。

6. 不要取消选择状态，按下组合键【Ctrl+C】复制所选对象，执行【编辑／贴在前面】（【Ctrl+F】）。打开【色板】面板，点击面板右上角的按钮 ▼≡，弹出子菜单，执行【打开色板库／图案／基本图形／线条】，弹出【线条】子面板，选中其中的"网格1派卡线"，线条被置入所选对象中（图8-4-9）。

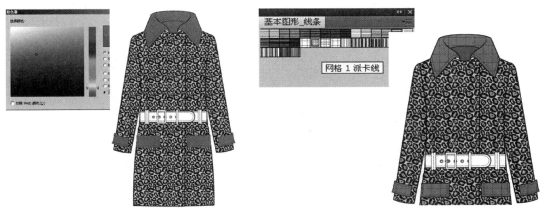

图8-4-8 对象填充单色　　　　　　　　　　图8-4-9 填充线条

7. 执行菜单【对象／变换／缩放】命令，弹出对话框（图8-4-10），【等比／比例缩放】设置为"30%"，在【选项】中勾选【图案】，完成后点击【确定】按钮（图8-4-11）。

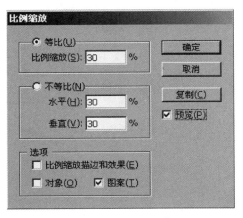

图8-4-10 【比例缩放】面板　　　　　　　　图8-4-11 缩放后效果

8. 按下快捷键【A】，选中腰带，打开【渐变】面板，设置（图8-4-12）。

9. 按下快捷键【A】，选中腰带剩余部分。单击工具箱【吸管】工具（快捷键【I】），此时鼠标转换成【吸管】形状，在腰带填充好的部位上单击，渐变图案被置入所选对象上，调整完成（图8-4-13）。

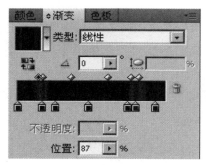

图8-4-12 【渐变】面板

图8-4-13 渐变填充效果

10. 按照上述方法，可以填充不同的图案，得到其他外观效果（图 8-4-14）。

图8-4-14 最后效果

二、路径填充

（一）【裁剪】路径填充的实例效果（图 8-4-15）

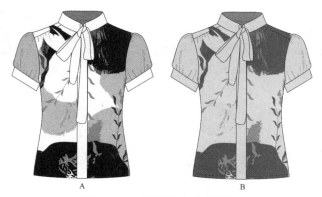

A   B

图8-4-15 路径填充实例效果

（二）操作步骤

1. 按住快捷键【Ctrl+O】，打开一张矢量款式图。确保需要单独填充面料部分的外轮廓为封闭区域（图8-4-16）。

2. 按住快捷键【Ctrl+O】，打开一张印花图片（印花图片必须是矢量图片），按住快捷键【Ctrl+A】选中对象，再按住快捷键【Ctrl+C】复制对象。回到矢量款式图文档，按住快捷键【Ctrl+V】粘贴印花图片（图8-4-17）。

3. 选中衣身轮廓，按住快捷键【Ctrl+C】复制对象，再次按下快捷键【Ctrl+B】（编辑/贴在后面）。选中印花图片，鼠标右键单击执行【排列/置于底层】命令（图8-4-18）。

图8-4-16　打开文件　　　　图8-4-17　粘贴印花图片　　　　图8-4-18　置于底层

4. 用【选择】工具选中衣身轮廓，配合【Shift】键加选印花图片，按住快捷键【Shift+Ctrl+F9】打开【路径查找器】面板，然后点击【裁剪】按钮，得到效果（图8-4-19）。

5. 用【选择】工具配合【Shift】键选中两个袖子，选择工具箱中的【吸管】工具，在衣身的任意颜色上点击，颜色被填充至所选袖子的对象中（图8-4-20）。

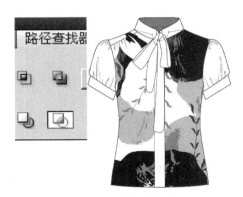
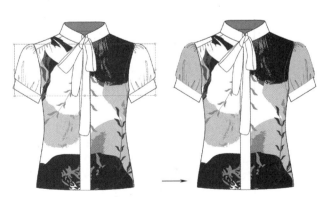

图8-4-19　裁剪后效果　　　　　　图8-4-20　吸管填色

6. 此时袖子的轮廓处于"无"的状态，打开【描边】框，在【颜色】面板中选择"黑色"进行描边（图8-4-21）。

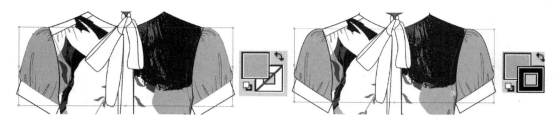

图8-4-21　描边轮廓

7. 重复以上操作，得到图 A 效果。全选对象后，按住【Alt】键再移动复制 B 图。然后选中 A 图，执行【对象 / 锁定 / 所选对象】命令，将 A 图锁定（图 8-4-22 ）。

8. 打开工具箱【魔棒】工具，在 B 图深色上点击，颜色被选中（图 8-4-23 ）。

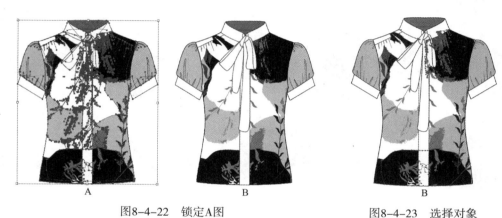

图8-4-22　锁定A图　　　　　　　　　　　　图8-4-23　选择对象

9. 双击【填色】框，打开【拾色器】对话框，挑选任意颜色替换（图 8-4-24 ）。

10. 重复前面操作，可以替换其他部分的颜色（图 8-4-25 ）。要替换颜色，首先印花图片必须是矢量格式，位图格式是不可以替换修改颜色的。

图8-4-24　替换颜色　　　　　　　　　　图8-4-25　最后效果

三、封套填充

（一）封套填充实例效果（图8-4-26）

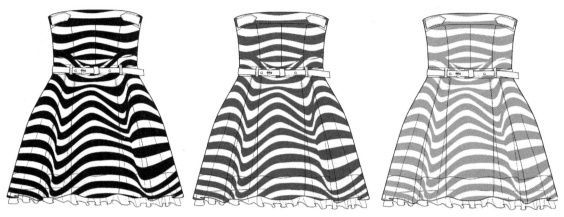

图8-4-26　封套填充实例效果

（二）操作步骤

1. 用【矩形】工具绘制一个长方形,填充为"黑色",按住【Alt】键,垂直移动复制（图8-4-27）。

图8-4-27　复制移动

2. 多次按住快捷键【Ctrl+D】（再次变换）, 得到效果, 全选后按住快捷键【Ctrl+G】将对象编组（图8-4-28）。

3. 用【椭圆】工具在线条上绘制一椭圆,并全选对象（图8-4-29）。

4. 执行菜单【对象/封套扭曲/用顶层对象建立】命令（图8-4-30）。

5. 用【直接选择】工具, 可以拖动任意的锚点进行挤压和扭曲。当锚点不够时, 还可以通过单击【网格】工具 ▧ , 添加网格及锚点（图8-4-31）。

6. 调入一张矢量款式图,置于条纹的上方（图8-4-32）。

7. 用【选择】工具选中款式图,去掉【填充】色。应用【直接选择】工具选中条纹,并按照服装的款式适当调整条纹的走向（图8-4-33）。

8. 用【直接选择】工具选中条纹,执行菜单【对象/扩展】,弹出对话框,参数设置完成后点击【确定】按钮（图8-4-34）。

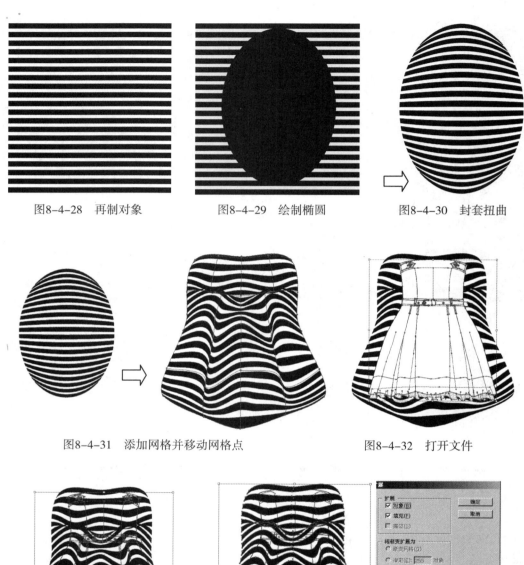

图8-4-28　再制对象　　　　图8-4-29　绘制椭圆　　　　图8-4-30　封套扭曲

图8-4-31　添加网格并移动网格点　　　　图8-4-32　打开文件

图8-4-33　去掉填充色　　　　图8-4-34　扩展对象

9. 用【直接选择】工具选中裙子外轮廓（蓝色边缘部分），按住快捷键【Ctrl+C】复制，然后按住快捷键【Ctrl+B】（贴在后面）（图8-4-35）。

10. 用【直接选择】工具选中裙子外轮廓，配合【Shift】键用【选择】工具加选条纹背景（图8-4-36）。按住快捷键【Ctrl+Shift+F9】，调出路径查找面板。执行【裁剪】命令。完善细节（图8-4-37）。

图8-4-35　选中对象　　　　图8-4-36　加选对象　　　　图8-4-37　裁剪后效果

11.　打开工具箱【魔棒】工具，选中颜色后可以进行色彩替换，得到最后效果（图8-4-38）。

图8-4-38　最后效果

本章小结

1.【色板】库的打开与调用。

2.【渐变】填充的设置与修改。

3.【实时上色】工具为同一平面填充不同颜色的服装带来方便。

4.利用【路径查找器】中的【裁剪】功能同样可以进行服装图案的填充。

5.执行【对象/变换】下的各项命令可以轻松修改对象。

6.将颜色从【填充】框、【颜色】面板、【渐变】面板或【色板】面板拖到对象上，可以快速将颜色应用于没有选择的对象。拖移对实时上色组无效。

7.不适用于实时上色组的功能有【渐变网格】、【图表】、【符号】、【光晕】、【描边/对齐描边】、【魔棒】工具。

8.利用【路径裁剪】填充，只能是单个对象与背景印花图片进行操作，多个对象是不能同时进行操作，而且对象必须是封闭的区域。

思考练习题

1. 如何调用色板库中的花卉图案进行服装款式图的填充？
2. 如何利用【路径裁剪】命令进行服装款式图的填充？
3. 利用【实时上色】给下图进行不同颜色的填充。

应用理论与训练——

第九章　服装辅料设计

课题名称：服装辅料设计

课题内容：拉链绘制实例

循环珠片实例

花边实例

课题时间：6课时

教学目的：通过本章学习，运用Illustrator CS5软件可以熟练地绘制各种带状的服装辅料，并能举一反三地扩大应用范畴，制作各种不同效果的对象，为丰富服装款式图的细节打下基础。

教学方式：教师演示及课堂训练。

教学要求：1. 基本绘图工具的熟练应用。

2. 创建新图案画笔工具。

3. 掌握定界框的绘制方法与技巧。

课前准备：绘制一些服装矢量款式图。绘图工具基本操作方法的反复练习。

第九章　服装辅料设计

　　服装辅料的种类很多，有功能性的拉链、环扣，织带类的丝绒带、格子带、平纹带、绣花带、花式弹力带以及各种花边等。Illustrator CS5 工具，尤其是【图案画笔】对于服装辅料设计制作具有非常强大的功能，可以快速地为任何款式添加拉链、线缝、细绳及珠片、花边等装饰。另外还可以将做好的任何对象建立成镶边、线缝与装饰图库，为以后的调用和修改提供方便，节省大量重复操作时间（图 9-1-1、图 9-1-2）。

图9-1-1　Illustrator CS5 绘制的各种辅料

图9-1-2　辅料在款式设计中的应用

第一节　拉链绘制实例

一、拉链效果(图9-1-3)

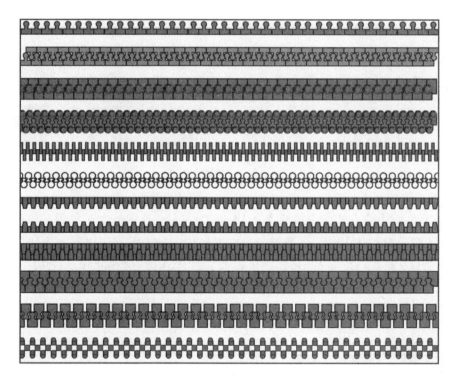

图9-1-3　各种拉链实例效果

二、单边拉链绘制步骤

1. 执行菜单【文件 / 新建】命令，新建一个文件（图 9-1-4）。

2. 先设置填充色为"灰色"，描边色为"黑色"，描边粗细为"2pt"（图 9-1-5）。

图9-1-4 新建文档   图9-1-5 颜色设置

3. 绘制基本形状。选择工具箱中的【矩形】按钮 ▣，在页面中单击，弹出【矩形】选项对话框，设置参数，分别绘制"10mm×5mm"和"3mm×5mm"的矩形。然后选择工具箱中的【椭圆】按钮 ⬭，单击页面，在弹出的参数对话框中设置"5mm×5mm"，绘制一个圆形（图 9-1-6）。

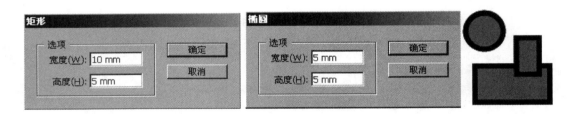

图9-1-6 绘制基本形状

4. 单击工具箱中的【选择】按钮 ▸（快捷键【V】），选择三个对象后，执行菜单【窗口 / 对齐 / 水平居中对齐】命令，或点击上方属性栏中的【水平居中对齐】快捷按钮 ▣。执行菜单【窗口 / 路径查找器 / 与形状区域相加】命令，快捷键【Shift+Ctrl+F9】（图 9-1-7）。

图9-1-7 对齐对象并与形状区域相加

5. 复制对象。按住【Alt】键，选择对象拖动复制几个，并点击属性栏中的【垂直居中】快捷按钮 ▦ （图9-1-8）。

图9-1-8　复制并对齐对象

6. 执行菜单【窗口 / 工作区 / 面板】命令，调出【画笔】面板（图9-1-9）。单击下方【新建画笔】按钮 ▣，弹出【新建画笔】对话框（图9-1-10），选择【新建 图案画笔】，完成点击【确定】按钮。

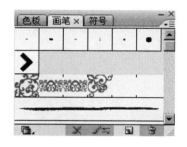

图9-1-9　【画笔】面板　　　　　　　图9-1-10　【新建画笔】对话框

7. 在【图案画笔选项】面板中（图9-1-11）设置名称，选择【原稿】，着色方法【淡色与暗色】（方便以后修改颜色），大小缩放为 "40%"，完成后点击【确定】按钮，拉链新画笔出现在面板中（图9-1-12）。

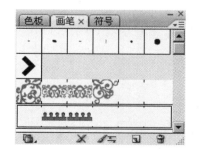

图9-1-11　【图案画笔选项】对话框　　　　　图9-1-12　拉链画笔生成

8.【钢笔】工具绘制路径。单击工具箱中【钢笔】工具 ◊ （快捷键【P】），绘制一条水平直线和任意角度的弧线。用【选择】工具 选中对象后，单击【画笔】面板中的【单边拉链】，得到效果（图 9–1–13）。

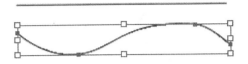

图9-1-13　拉链画笔的应用

9. 修改调整新画笔。如果对所生成的新画笔对象大小、色彩等不满意，可以直接双击【新建画笔】对话框，再次调出【图案画笔选项】对话框，重新设置。

三、双边拉链绘制步骤

1. 按照单边拉链的绘制方法画出拉链的基础图形（图 9–1–14）。

2. 选中对象后单击工具栏中的【镜像】工具 ，按住【Enter】键，弹出【镜像】对话框（图 9–1–15），【轴】设置为【水平】，然后单击【复制】按钮。用【选择】 将对象移至合适位置（图 9–1–16）。

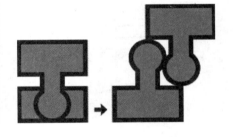

图9-1-14　基础图形　　　图9-1-15　【镜像】设置　　　图9-1-16　镜像复制后移动

3. 选中对象后按住组合键【Ctrl+G】，将对象编组。按住【Alt】键，拖动复制一个（图9–1–17）。

4. 选择【矩形】工具，在基础图形上绘制一个无填充、描边色为红色的矩形作为定界框（图 9–1–18）。

5. 选中红色描边矩形，右键单击，执行【排列／置于底层】命令，快捷键组合键【Shift+Ctrl】，去掉填充和描边颜色（图 9–1–19）。

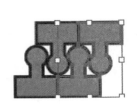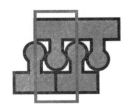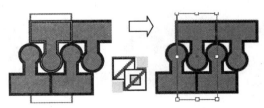

图9-1-17 移动复制　　　图9-1-18 矩形定界框　　　图9-1-19 定界框置于底层并去掉描边色

6. 选中整个对象后（图 9-1-20），按住【Shift】键，拖动四个任意角点，可以等比例缩放对象。在画笔描边中单击【新建画笔】按钮 ，弹出对话框（图 9-1-21），进行设置后，双边拉链在【画笔】面板中生成（图 9-1-22），绘制路径后应用（图 9-1-23）。

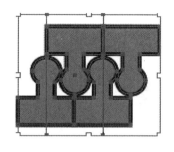

图9-1-20　选择对象

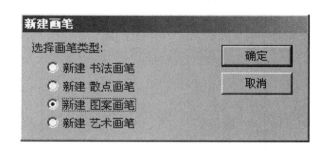

图9-1-21　【新建画笔】设置

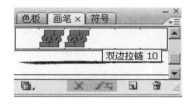

图9-1-22　画笔生成

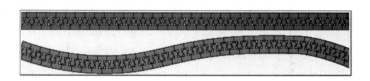

图9-1-23　双边拉链效果

第二节　循环珠片绘制实例

一、实例效果（图9-2-1）

图9-2-1　珠片实例效果

二、绘制步骤

1. 绘制多边形。选中工具箱中的【多边形】工具 ⬡，在页面中【单击】鼠标，弹出【多边形】选项对话框（图9-2-2），设置半径为"10mm"，边数为"6"，绘制一个六边形（图9-2-3）。

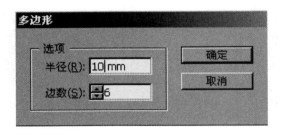

图9-2-2　【多边形】设置　　　　　　　　图9-2-3　绘制六边形

2. 选中工具箱中的【钢笔】工具 ✒（快捷键【P】），在六边形中绘制一个不规则四边形。用【选择】工具 ▶ 选中六边形，按住【Alt】键，复制出另外一个六边形。选中对象后，单击工具箱【比例缩放】工具 ▦（快捷键【S】），按住【Enter】键，弹出比例缩放对话框。设置比例缩放为"60%"（图9-2-4）。更换颜色后，不透明度为"79%"（图9-2-5）。

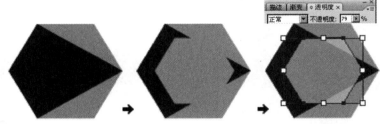

图9-2-4　【比例缩放】设置　　　　　　图9-2-5　丰富多边形

3. 选中小六边形，单击工具箱【旋转】工具 ↻（快捷键【R】），按住【Enter】键，弹出【旋转】对话框，设置【角度】为"45°"（图9-2-6），然后点击【确定】按钮。用【选择】工具 ▶ 选中整个对象，按住【Ctrl+G】组合键将对象编组（图9-2-7）。

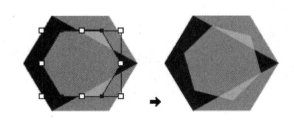

图9-2-6　【旋转】设置　　　　　　　　图9-2-7　旋转后效果并编组

4. 按住【Alt】键，拖动复制整个对象。用【选择】工具 选中两个对象后单击【垂直居中对齐】按钮 ，按住快捷键【Ctrl+G】将对象再次编组（图9-2-8）。

5. 选择【矩形】工具，在基础图形上绘制一个矩形作为定界框。定界框确保只包含一次完整重复的图形部分，这样才能产生无缝循环的效果。执行菜单【对象/排列/置于底层】命令，将矩形定界框置于基础图形的最底层，并且清除定界框的填充色和描边色，使其为不可见的状态（图9-2-9）。定界框所包含的对象必须是一个完整的循环图形部分，不能有重叠和缺失，而且定界框必须置于循环图形的后面。

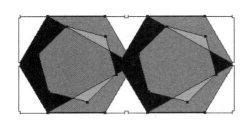

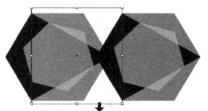

定界框必需位于最后面，且无填充色和描边色

图9-2-8　移动复制　　　　　　　　　图9-2-9　定界框置于底层

6. 选中对象和定界框，将其拖放至【画笔】面板中，弹出【新建画笔】对话框，勾选【新建图案画笔】，然后点击【确定】按钮，接着弹出【画笔选项】对话框，设置（图9-2-10）完成后点击【确定】按钮，珠片画笔在面板中生成（图9-2-11）。

7. 【钢笔】工具绘制路径。单击工具箱中【钢笔】工具 （快捷键【P】），绘制一条水平直线和任意角度的弧线。用【选择】工具 选中对象后，单击【画笔】面板中的【珠片画笔】得到最后效果（图9-2-12）。

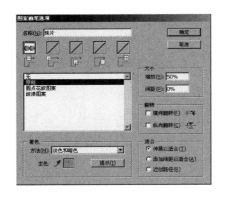

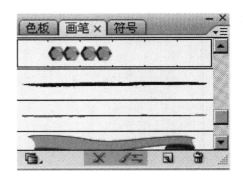

图9-2-10　【图案画笔选项】设置　　　　　图9-2-11　生成珠片画笔

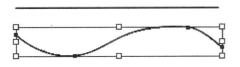

图9-2-12　珠片画笔的应用

第三节　花边绘制实例

一、花边效果(图9-3-1)

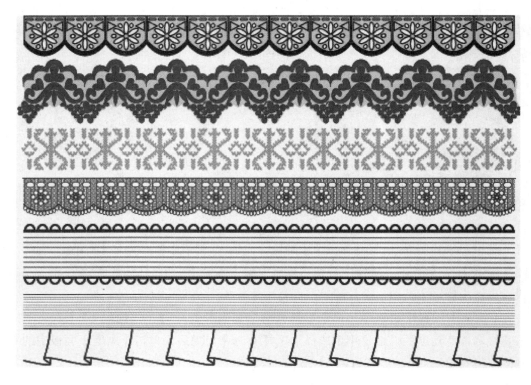

图9-3-1　Illustrator CS5 绘制的各种花边

二、绘制步骤

1.用【绘图】工具绘制一个方形和椭圆形，并将部分重叠（图 9-3-2）。

2.选中两个对象后，单击属性栏中的【水平居中对齐】按钮 ，按住快捷键【Shift+Ctrl+F9】调出【路径查找器】面板，单击面板中的【与形状区域相加】按钮 后，单击【扩展】按钮，得到基础图形（图 9-3-3）。

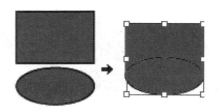

图9-3-2　绘制基本形状

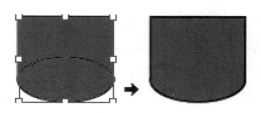

图9-3-3　与形状区域相加后效果

3. 按住【Alt】键，向上拖动复制两个对象。选中后单击【路径查找器】面板中的【与形状区域相减】按钮 ▯ 后，单击【扩展】按钮，更换颜色，得到效果（图9-3-4）。

4. 将相减后得到的图形移回至基础图形的下方位置并对齐（图9-3-5）。

图9-3-4　与形状区域相减后效果　　　　　　　　　图9-3-5　移动组合

5. 绘制花纹。选择工具箱中【椭圆】工具 ⬭ 绘制椭圆。单击工具箱【旋转】工具 ↻（快捷键【R】），按住【Alt】键，拖动旋转的中心至合适位置，弹出【旋转】对话框（图9-3-6），设置后点击【复制】按钮。然后按住快捷键【Ctrl+D】再次复制（图9-3-7）。

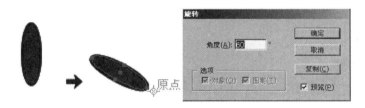

图9-3-6　【旋转】设置　　　　　　　　　图9-3-7　旋转后再次复制

6. 应用【移动】工具选中花纹，移至基础图形上面，并丰富一些细节，得到效果（图9-3-8）。

7. 选中基本图形，将其拖放至【画笔】面板，弹出【新建画笔】对话框，设置后生成【花边】画笔（图9-3-9）。

8. 将【花边】画笔应用到路径（图9-3-10）。

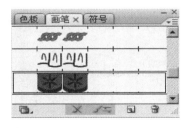

图9-3-8　完成的单元图形　　　图9-3-9　花边画笔生成　　　图9-3-10　花边效果

9. 保存画笔库。将每次生成的画笔保存，方便以后随时调用。单击【画笔】面板右上方的三角按钮,执行【存储画笔库】命令,弹出【将画笔存储为库】对话框,文件名存为【无缝循环画笔库】,对画笔进行存储（图9-3-11）。下次调用时,同样单击右上方的三角按钮,执行【打开画笔库/用户定义】或【其他库】,找到存储的画笔库。

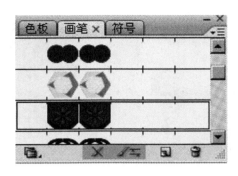 

图9-3-11　保存画笔库

10.将画笔应用于款式设计中。打开素材库中的一个款式,然后调出【无缝循环画笔库】（图9-3-12）,将不同画笔应用于服装的某一部分,得到效果（图9-3-13）。

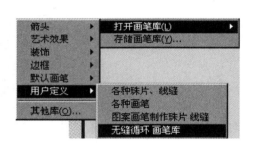 

图9-3-12　【打开画笔库】调出画笔　　　　图9-3-13　不同花边在服装上的应用

11.画笔修改操作。双击【画笔】面板,弹出【图案画笔选项】对话框,可以修改画笔的大小、颜色、间距和镜像（图9-3-14）,完成后点击【确定】按钮,得到效果（图9-3-15）。

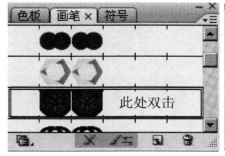  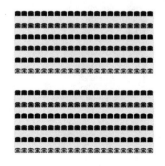

图9-3-14　画笔修改　　　　　　　　　图9-3-15　最后效果

本章小结

1.【图案画笔】能快速绘制具有连续、循环特征的拉链、线缝、细绳及珠片、花边等装饰辅料。

2. 画笔库的保存操作为以后的随时调用和修改提供方便，节省重复操作的时间。

3. 对象的【对齐】、【旋转】、【镜像】等命令对于【新建画笔】具有很重要的意义。

4. 选择【矩形】工具，在页面中单击并拖拉鼠标，按住【空格】键不放，可以冻结当前正在绘制的图形，将其移至页面的任意位置后，释放【空格】键后可以继续绘制矩形。

5. 矩形绘制完后，重新设置大小的方法。执行菜单【窗口/变换】命令，弹出【变换】面板，在【W】（宽度）和【H】（高度）框中输入数值后，按【Enter】键。

思考练习题

1. 如何操作完成服装荷叶边的绘制？

2. 如何操作完成针织服装上的线圈穿套？

3. 如何操作完成绳线的绘制？

4. 绘制完成下列辅料图案效果。

第十章　创建常用服装图案色板

课题名称： 创建常用服装图案色板

课题内容： 打开与编辑色板库
　　　　　　创建印花图案新色板
　　　　　　创建针织及格纹新色板

课题时间： 6课时

教学目的： 通过本章的学习，使学生不但能熟练地打开并运用Illustrator CS5软件丰富的图案库，还能根据自己的设计需求修改，编辑库里边的图案，同时也能根据自己绘制出的图案创建成新的图案色板库。

教学方式： 教师演示及课堂训练。

教学要求： 1. 全面、综合地应用Illustrator CS5软件各项功能。
　　　　　　2. 掌握无缝对接印花图案色板库的建立。
　　　　　　3. 掌握针织纹理及格纹图案色板库的建立。

课前准备： 绘制矢量服装款式图。

第十章　创建常用服装图案色板

Illustrator CS5 软件具有的图案色板功能强大，库中包括的基本图形【点】、【纹理】、【线条】，自然界中的【动物】、【树叶】，以及装饰图案的【几何图形】、【古典】、【现代】、【花饰】等图案，是创作印花、条纹、格纹机织物和针织物的出色工具。同时，还可以通过【绘图】工具绘制一些基本的图形对象来创建真正属于自己的图案样本色板，能够创作一个系列化、个性化的图案样本，大大提高了一名服装设计师的工作效率。

第一节　打开与编辑色板库

一、打开图案色板库

Illustrator CS5 软件色板阵容强大。点击【色板菜单】（右上方的小三角）按钮 ▤，弹出子菜单，执行【打开色板库】，里面包含了【图案】、【渐变】、【自然】、【其他库】等内容。根据需要可以调出任意的色板（图 10-1-1）。

1. 选中目标对象。

2. 打开【色板】面板，点击【色板菜单】按钮 ▤，弹出子菜单，调出任意图案子面板。

3. 单击子面板中的图案。

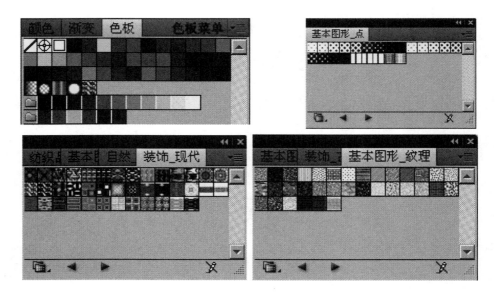

图10-1-1　各种图案色板

二、编辑图案色板库

【色板】库中的图案可以进行编辑、修改和替换等功能操作，其步骤如下：

1. 在【色板】面板中,点击【色板菜单】按钮,执行【打开色板库 / 图案 / 自然 _ 动物皮 】，弹出【自然 _ 动物皮】子面板，选中【美洲虎】图案后按住鼠标左键不松手拖放至页面中（图 10-1-2 ）。

2. 在对象上右键单击执行【取消编组】。然后可以进行编辑操作（图 10-1-3 ）。

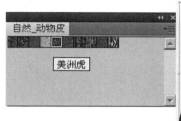
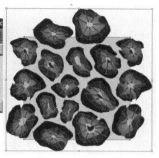

图10-1-2　调出图案至页面　　　　　　　　　　图10-1-3　取消编组

3. 单击工具箱中的【魔棒】工具 （快捷键【Y】），此时鼠标转换成魔棒造型，在深褐色上单击，对象中所有的深褐色被同时选中（图 10-1-4 ）。

4. 鼠标双击【填色】框，弹出【拾色器】面板，挑选任意颜色（这里是黑色），点击【确定】按钮（图 10-1-5 ）。

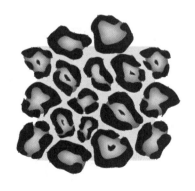

图10-1-4　选择对象　　　　　　　　　　　图10-1-5　替换对象颜色

5. 按下快捷键【V】选中方形底板,双击【填色】框,弹出【拾色器】面板,挑选任意颜色,点击【确定】按钮，得到效果（图 10-1-6 ）。

6. 用【选择】工具 全选整个对象。执行菜单【编辑 / 定义图案】命令，弹出【新建色板】对话框，改名为【绿底豹纹】，点击【确定】按钮（图 10-1-7）。

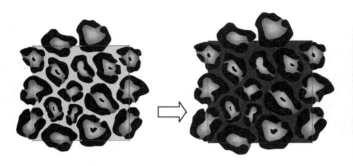 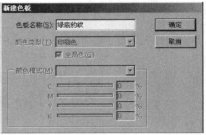

图10-1-6　替换背景底色　　　　　　　　　图10-1-7　【新建色板】对话框

7. 在【色板】面板中，【绿底豹纹】图案出现（图 10-1-8）。

8. 点击【色板】面板左下角的【色板库】按钮 ，执行【存储色板】，弹出【将色板存储为】对话框，取名为【豹纹图案色板】进行保存（图 10-1-9）。

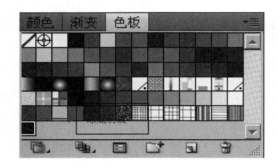 

图10-1-8　【色板】面板　　　　　　　　　图10-1-9　保存色板

9. 按住快捷键【Ctrl+O】，打开一张矢量款式图，执行【色板】面板中【打开色板库/其他库】命令，找出刚刚保存的路径，调出【豹纹图案色板】文件（图 10-1-10）。

10. 按下快捷键【A】，选中需要填充的部分，点击【色板】面板中的【绿底豹纹】进行填充，得到最后效果（图 10-1-11）。

 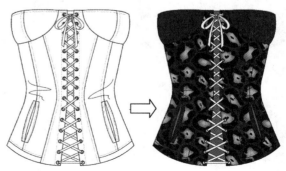

图10-1-10　【色板】面板　　　　　　　　图10-1-11　最后效果

第二节 创建印花图案新色板

一、无缝对接印花图案色板效果（图10-2-1、图10-2-2）

 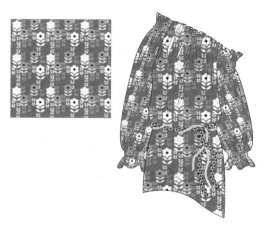

图10-2-1 实例效果1　　　　　　　　图10-2-2 实例效果2

二、图10-2-1操作步骤

1. 按住快捷键【Ctrl+N】，新建一个文件。执行菜单【窗口/符号】打开符号面板（图10-2-3）。

2. 点击【符号】面板中左下角的【符号库菜单】按钮 ，在弹出的菜单中点击【花朵】，调出【花朵】面板（图10-2-4）。

3. 在【花朵】面板中，选中任意图案，按住鼠标左键不松手拖放至页面中，然后右键单击执行【断开符号链接】。配合【Shift】键，拖动任意角点，可以等比例放大对象（图10-2-5）。

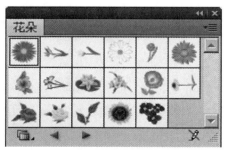 

图10-2-3 【符号】面板　　　　图10-2-4 【花朵】面板　　　　图10-2-5 放大图案

4. 按照同样方法，拖出其他对象（图10-2-6）。

5. 打开工具箱中的【矩形】工具（快捷键【M】），在页面中任意单击，弹出【矩形】对话框，设置宽度为"15cm"，高度为"15cm"，点击【确定】按钮，绘制一个正方形（图10-2-7）。

6. 选中蓝色花朵，配合【Alt】键，拖动复制，配合【Shift】键，拖动角点可以进行缩放，并按照设计目标摆放至合适位置（图10-2-8）。

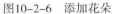
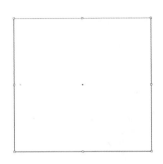

图10-2-6　添加花朵　　　　图10-2-7　绘制矩形　　　　图10-2-8　组合设计图案

7. 重复上面的操作方法，完成整个重复对象（图10-2-9）。

8. 选中重复对象（背景正方形框除外），按住快捷键【Ctrl+G】进行编组。然后按下【Enter】键，弹出【移动】选项对话框信息面板（图10-2-10），此时在水平栏中输入"15cm"，垂直栏输入"0cm"，距离输入"15cm"，角度为"0"，点击【复制】按钮（图10-2-11）。

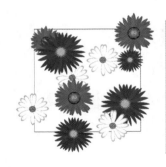

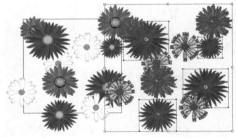

图10-2-9　设计图案　　　图10-2-10　【移动】对话框　　　　图10-2-11　精确移动

9. 再次选中重复对象，按下【Enter】键，弹出【移动】选项对话框信息面板，此时在水平栏中输入"0cm"，垂直栏输入"15cm"，距离输入"15cm"，角度"-90"，点击【复制】按钮（图10-2-12）。

10. 再次选中重复对象，按下【Enter】键，弹出【移动】选项对话框信息面板，此时在水平栏中输入"15cm"，垂直栏输入"15cm"，距离默认值，角度"-45"，点击【复制】按钮，得到效果（图10-2-13）。

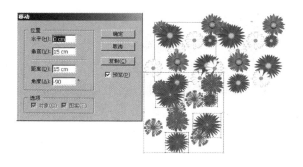
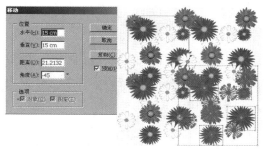

图10-2-12 复制并精确移动图案1　　　　图10-2-13 复制并精确移动图案2

11. 用【选择】工具将正方形底框移动至重复图案靠中央的位置（图 10-2-14）。

12. 按住快捷键【Ctrl+A】全选对象，然后按住【Shift】键，单击正方形，将其从选区中移开。然后按住【Ctrl+G】将剩余的其他图案编组（图 10-2-15）。

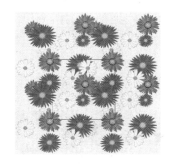

图10-2-14 移动矩形　　　　　　　　图10-2-15 编组图案

13. 应用【矩形】工具绘制一个大矩形，双击【填色】框，弹出【拾色器】对话框（图 10-2-16），设置【R】为"252"，【G】为"251"，【B】为"222"，填充颜色。配合【Shift】键加选编组后的花朵图案，再次按下快捷键【Ctrl+G】编组。然后鼠标右键单击执行【置于底层】（图 10-2-17）。

图10-2-16 【拾色器】对话框　　　　图10-2-17 颜色填充并置于底层

14. 选中原来的正方形，将【填充】框和【描边】框设置为"无"并确保此时它位于图案花朵的上方（图 10-2-18）。

15. 用【选择】工具先选中编组后的花朵图案，配合【Shift】键加选已经去掉填充和描边的小正方形，执行【窗口/路径查找器/裁剪】单击  按钮，得到重复循环图案（图 10-2-19）。

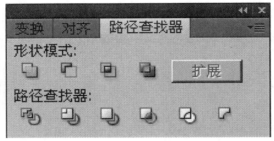

图10-2-18　【路径查找器】对话框　　　　图10-2-19　重复循环图案

16. 选择工具箱中【魔棒】工具，在对象中单击某一颜色，此时相同颜色将会被全部选中。双击【填色】框，弹出【拾色器】对话框，挑选任意颜色，可以进行颜色替换（图 10-2-20）。

图10-2-20　颜色替换后的效果

17. 打开【色板】面板，将做好的循环图案拖至【色板】面板中（图 10-2-21）。

图10-2-21　【色板】面板

18.调入一张矢量款式图。用【直接选择】工具选中需要填充的部分,然后点击【色板】中的循环图案（图 10-2-22）。

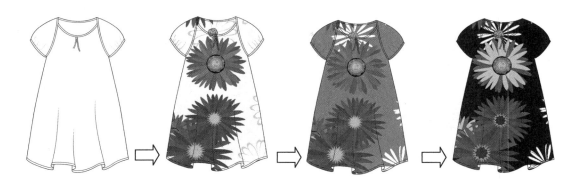

图10-2-22　色板图案填充

19. 选中对象，执行【对象／变换／缩放及旋转】等命令，呈现最后效果（图 10-2-23）。

图10-2-23　最后效果

三、图10-2-2操作步骤

第一阶段：绘制主花

1. 选中工具箱中【椭圆】工具 ，绘制一个椭圆，用【直接选择】工具选择椭圆上的锚点，打开工具箱中的【转换锚点】工具 ，单击椭圆最下方的锚点，此时圆弧锚点转换成直角锚点，用【直接选择】工具 修改椭圆最上方的锚点，改变外轮廓造型（图 10-2-24）。

2. 选中对象，配合【Alt】键复制两个，右键单击执行【排列／置于底层】（图 10-2-25）。

3. 用【选择】工具选中左边对象，点击工具箱中的【旋转】工具 ，旋转对象，对左边对象重复操作，得到新的对象，全选后按快捷键【Ctrl+G】进行编组（图 10-2-26）。

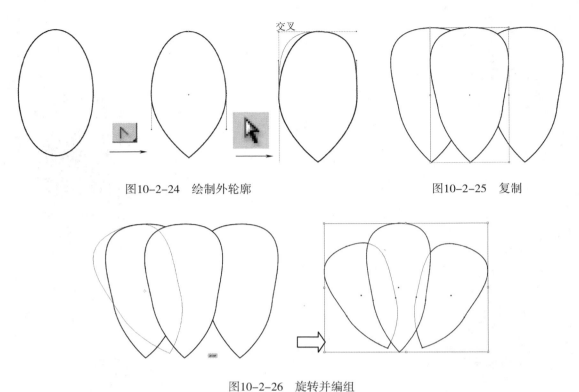

图10-2-24　绘制外轮廓　　　　　　　　　　　图10-2-25　复制

图10-2-26　旋转并编组

4. 用【选择】工具选中对象，拖动对象的中间边框点（红圈处），将对象压扁一些（图 10-2-27）。

5. 用【选择】工具选中对象，点击工具箱中的【旋转】工具 ，配合【Alt】键，在页面中单击旋转的中心点，在弹出的对话框中勾选【对象】，点击【复制】按钮（图 10-2-28）。

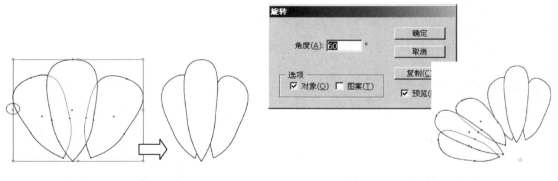

图10-2-27　修改对象　　　　　　　　　　　图10-2-28　旋转并复制

6. 按四次【Ctrl+D】【对象 / 变换 / 再次变换】命令，生成花卉图形。全选后，按下快捷键【Ctrl+G】进行编组（图 10-2-29）。

7. 用【椭圆】工具绘制一个花心，并填充为"黑色"（图 10-2-30）。

图10-2-29 再制对象

图10-2-30 添加花心

8. 用【钢笔】工具绘制花茎和叶子。选中叶子,打开工具箱中【镜像】工具 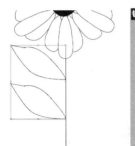 ,配合【Alt】键,在花茎上单击弹出【镜像】对话框,轴设置为【垂直】,选项为【对象】,勾选【预览】,点击【复制】按钮(图10-2-31)。

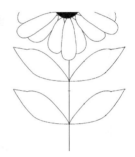

图10-2-31 镜像并复制

第二阶段:绘制辅花

9. 用【矩形】工具绘制一个矩形,选择【钢笔】工具,在矩形上方添加一个锚点。打开【转换锚点】工具(快捷键【Shift+C】),将矩形四个直角锚点转换成圆弧锚点(图10-2-32)。

10. 选中对象,点击工具箱中的【旋转】工具 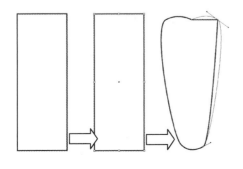 ,配合【Alt】键,在页面中单击旋转的中心点,弹出对话框,勾选【对象】,单击【复制】按钮,按四次快捷键【Ctrl+D】(对象 / 变换 / 再次变换)命令,全选后按快捷键【Ctrl+G】编组(图10-2-33)。

图10-2-32 绘制对象

图10-2-33 旋转并复制

11. 绘制花心。先用【椭圆】工具绘制一个椭圆，然后点击【旋转】工具，重复上面的操作将对象进行旋转复制，得到效果（图 10-2-34）。

12. 将花心图案移至花朵中（图 10-2-35）。

 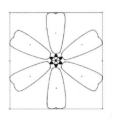

图10-2-34　旋转并复制　　　　　　　　　　　图10-2-35　花心完成

第三阶段：组合图案

13. 通过颜色填充、复制、缩放等操作，根据设计需要将图案组合（图 10-2-36）。

第四阶段：图案循环

14. 用【矩形】工具绘制一个"20cm×20cm"的正方形，并填充颜色，置于图案的下方（图 10-2-37）。

图10-2-36　组合图案　　　　　　　　　　　图10-2-37　绘制矩形

15. 选中图案，按下【Enter】键，弹出【移动】对话框。设置后按下【复制】按钮。重复操作得到图形（图 10-2-38）。

16. 选中正方形背景放大到整个图案，全选后按快捷键【Ctrl+G】编组（图 10-2-39）。

17. 用【矩形】工具再绘制一个"20cm×20cm"的正方形，将【填充】框和【描边】框，设置为"无"，并确保此时它位于图案花朵的上方（图 10-2-40）。

18. 用【选择】工具先选中编组后的花朵图案,配合【Shift】键加选刚刚绘制的正方形，执行【窗口 / 路径查找器 / 裁剪】单击按钮　，得到重复循环图案（图 10-2-41）。

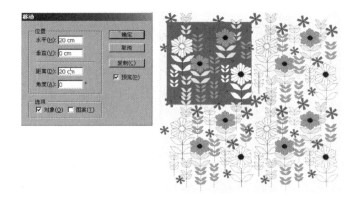

图10-2-38　复制并精确移动　　　　　　　　　图10-2-39　　编组

图10-2-40　设置填充和描边框　　　　　　　图10-2-41　　循环图案

19. 打开【色板】工具，将做好的循环图案拖放至色板中（图 10-2-42）。

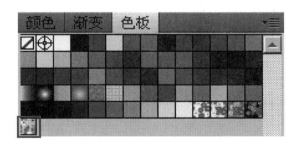

图10-2-42　【色板】面板

20. 调入一张矢量款式图，选中要填充的部分，点击【色板】中的循环图案。然后根据需要执行【对象 / 变换 / 缩放、旋转、倾斜】等命令，得到最后效果（图 10-2-43）。

21. 点击【色板】面板左下角的【色板库】菜单按钮，执行【存储色板】命令。将创建的新色板进行保存，方便以后随时调用。

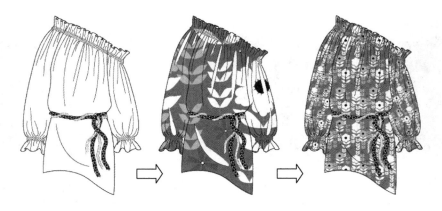

图10-2-43　最后效果

第三节　创建棒针及机织格纹图案新色板

一、创建棒针图案色板

（一）棒针图案色板实例效果（图10-3-1）

图10-3-1　棒针图案实例效果

（二）棒针图案操作步骤

第一阶段：绘制平纹

1. 按住快捷键【Ctrl+N】，新建一个文件。打开工具箱中的【椭圆】工具 ⬤ ，鼠标在页面中单击，弹出【椭圆】对话框，绘制一个"60mm×55mm"的椭圆（图10-3-2）。

2. 打开工具箱中的【矩形】工具，在椭圆上绘制一个长方形（图10-3-3）。

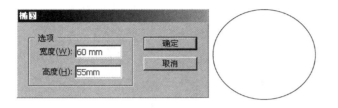 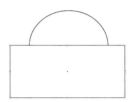

图10-3-2　绘制椭圆　　　　　　　　　　　　　　　图10-3-3　绘制矩形

3. 选中长方形和椭圆，执行【窗口/路径查找器】（快捷键【Shift+Ctrl+F9】）弹出【路径查找器】面板，点击其中的【减去顶层】按钮 ⬚ ，得到半圆图形（图10-3-4）。

4. 选中半圆，在上方属性栏【描边】中输入"2pt" 描边：▢2 pt ▢ ，按下【Enter】键，弹出【移动】对话框，设置【水平】为"60mm"，【垂直】为"0mm"，【距离】为"60mm"，点击【复制】按钮，全选后按快捷键【Ctrl+G】将其编组（图10-3-5）。

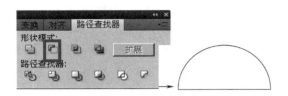 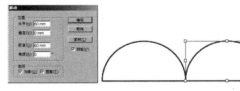

图10-3-4　半圆　　　　　　　　　　　　　　图10-3-5　精确移动并复制

5. 选中编组后的对象，打开工具箱中【镜像】工具 🔣 ，按下【Alt】键点击镜像轴的位置，弹出【镜像】对话框，设置后点击【复制】按钮，全选后按快捷键【Ctrl+G】将其编组（图10-3-6）。

 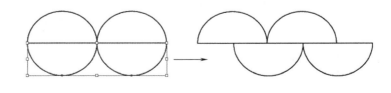

图10-3-6　镜像复制并移动

6. 执行菜单【视图 / 智能参考线和对齐点】命令。选中编组后的对象，按下【Alt】键往右移动复制（图 10-3-7）。

7. 多次按下快捷键【Ctrl+D】，全选后按快捷键【Ctrl+G】编组（图 10-3-8）。

8. 选中编组后的对象，按下【Alt】键往下移动复制。然后多次按下快捷键【Ctrl+D】，全选后按快捷键【Ctrl+G】进行编组（图 10-3-9）。

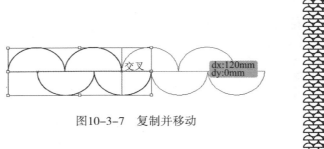

图10-3-7　复制并移动

图10-3-8　多次复制后效果 　　　　　　　图10-3-9　最后效果

第二阶段：绘制麻花

9. 用【钢笔】工具绘制以下图形（图 10-3-10）。

10. 选中对象，按下【Alt】键往右移动复制。然后多次按下快捷键【Ctrl+D】，全选后按快捷键【Ctrl+G】编组（图 10-3-11）。

11. 选中对象，打开【镜像】工具，按下【Alt】键点击镜像轴，在弹出的【镜像】对话框中设置参数，完成后单击【复制】按钮，全选后按快捷键【Ctrl+G】编组（图 10-3-12）。

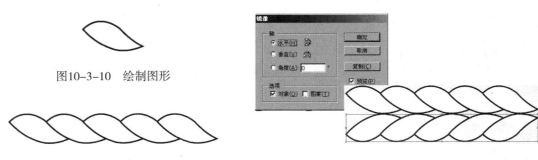

图10-3-10　绘制图形

图10-3-11　复制移动并编组　　　　　　　图10-3-12　镜像复制

12. 用【矩形】工具绘制一个定界框，去掉矩形的【填充】和【描边色】。鼠标右键单击执行【排列 / 置于底层】命令，将其位于编组后对象的下方（图 10-3-13）。

13. 选中全部对象,打开【画笔】面板,将其拖进画笔面板中,弹出【新建画笔】对话框,勾选【图案画笔】,确定,继续弹出【图案画笔选项】对话框,在对话框中改名称为【麻花】,比例设置为"50%",【着色】为"淡色"和"暗色",完成后点击【确定】按钮。【麻花】画笔在【画笔】面板中出现(图10-3-14)。

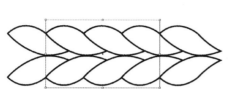

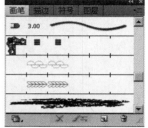

图10-3-13　绘制定界框　　　　　　　图10-3-14　新建图案画笔

14. 用【钢笔】工具绘制一条弧线,点击【画笔】面板中的【麻花】画笔(图10-3-15)。

15. 选中页面中的【麻花】,按下【Alt】键点击【镜像轴】,弹出【镜像】对话框,设置完成后单击【复制】按钮,选中后按下【Alt】键向下移动复制(图10-3-16)。

16. 选中对象,右键单击执行【取消编组】,然后用【直接选择】工具修改麻花造型(图10-3-17)。

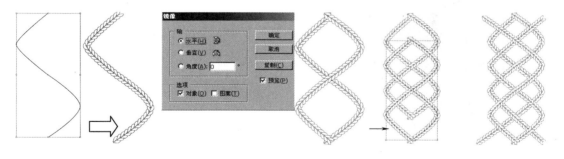

图10-3-15　绘制弧线　　　　　图10-3-16　镜像复制并移动　　　　　图10-3-17　修改麻花造型

第三阶段:组合图案

17. 将完成好的麻花编组,然后根据设计需要放置在平纹上面。完成后全选对象按住快捷键【Ctrl+G】进行编组(图10-3-18)。

18. 用【矩形】工具绘制一个定界框(定界框要包含一个完整的循环图),去掉定界框的【填充】和【描边色】。鼠标右键单击执行【排列/置于底层】,将其位于编组后对象的下方(图10-3-19)。

图10-3-18　组合对象　　　　　　　　图10-3-19　绘制定界框

19. 打开【色板】面板,全选对象,将其拖放至【色板】面板中。调入一张矢量款式图,选中需要填充的对象后,点击【色板】中刚刚建立的新图案（图 10-3-20）。

20. 完成其他地方的填充。若不满意,还可以执行【对象 / 变换 / 缩放、旋转、倾斜】等命令进行调整（图 10-3-21）。

图10-3-20　色板填充　　　　　　　　图10-3-21　最后效果

二、创建格纹图案色板

（一）格纹图案色板实例效果（图 10-3-22）

（二）操作步骤

1. 按住快捷键【Ctrl+N】,新建一个文件。打开工具箱中的【矩形】工具,鼠标在页面中单击,弹出【矩形】对话框,绘制一个"20mm×20mm"的正方形。用【直线段】工具绘制两条垂直线,打开【描边】面板中的虚线,全选后按下快捷键【Ctrl+G】编组（图 10-3-23）。

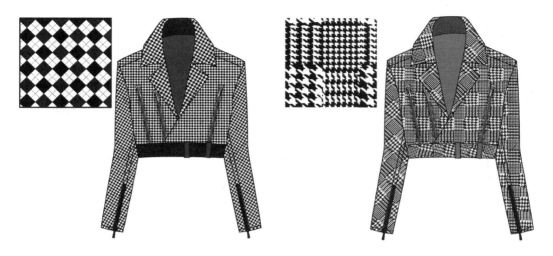

图10-3-22　格纹实例效果

2. 选中对象，按下【Alt】键向右移动复制。然后按下两次【Ctrl+D】组合键（图10-3-24）。

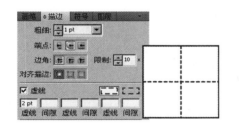

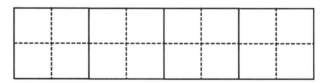

图10-3-23　绘制图形　　　　　　　　　　　　图10-3-24　复制并移动

3. 选中对象，按下【Alt】键向下移动复制，填充颜色，全选后按快捷键组合【Ctrl+G】编组（图 10-3-25）。

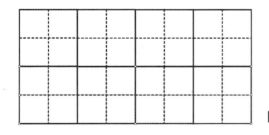

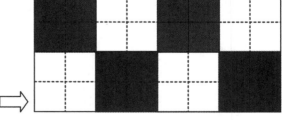

图10-3-25　复制移动并填充

4. 选中对象，按下【Alt】键向下移动复制，全选后按快捷键【Ctrl+G】编组（图10-3-26）。

5. 选中对象，打开【旋转】工具，按下【Enter】键，弹出【旋转】对话框，【角度】输入"45"，完成后点击【确定】按钮（图 10-3-27）。

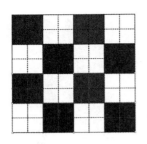

图10-3-26　复制并移动　　　　　　　　　图10-3-27　旋转对象

6. 用【矩形】工具绘制一个定界框（定界框要包含一个完整的循环图），去掉定界框的【填充】和【描边色】。鼠标右键单击执行【排列 / 置于底层】，将其位于编组后对象的下方（图 10-3-28）。

7. 打开【色板】面板，全选对象，将其拖放至【色板】面板中（图 10-3-29）。

图10-3-28　绘制定界框　　　　　　　　　图10-3-29　　【色板】面板

8. 调入一张矢量款式图，选中需要填充的对象后，点击【色板】中刚刚建立的新图案（图 10-3-30）。

9. 执行【对象 / 变换 / 缩放】命令（图 10-3-31）。

10. 选中需要继续填充的地方，打开【吸管】工具，在已经填充好的地方单击，完成整个填充（图 10-3-32）。

图10-3-30　色板填充　　　　　图10-3-31　缩放　　　　　图10-3-32　最后效果

本章小结

1. 打开【色板】库中丰富的图案，进行编辑、新建与保存。

2. 编辑【色板】库中图案。

3. 利用【钢笔】、【旋转】、【镜像】、【变换】、【画笔】等命令新建【色板】，并保存。

思考练习题

1. 如何利用所学工具建立棒针图案色板库？

2. 如何利用所学工具建立棒针图案条纹纹理色板库？

3. 如何利用所学工具建立机织格纹纹理色板库？

4. 利用所学工具按照下图建立图案色板库。

基础理论——

第十一章 Photoshop CS5 基本操作

课题名称： Photoshop CS5 基本操作

课题内容： 基础知识及服装常用工具操作

关于颜色（颜色面板、颜色模式之间的转换机渐变填充）

关于绘图（画笔、铅笔、图案图章工具）

关于滤镜

课题时间： 8课时

教学目的： 使学生了解Photoshop CS5 软件的功能及应用范围，掌握该软件的基本绘图和编辑命令的操作方法与步骤。为服装的设计及效果图处理打下坚实的基础。

教学方式： 教师演示及课堂训练。

教学要求： 1. 让学生了解Photoshop CS5 软件的功能及其应用范围。

2. 掌握Photoshop CS5 软件的基本操作方法和技巧。

3. Photoshop CS5 软件在服装专业上的具体应用。

课前准备： 软件的安装与正常运行。要求学生具备一定的服装绘图与设计能力。

第十一章　Photoshop CS5 基本操作

　　Photoshop 是 Adobe 公司开发的一款位图处理与编辑软件。其卓越的工具性能可以快速地选择图形对象及色彩，并能对其进行编辑、复制、剪切与粘贴等工作，方便服装设计师对图像资料、服装款式及面料、色彩、配饰等图像进行修改、调整、更换与再设计。利用 Photoshop CS5 的图层、路径、滤镜、通道等工具，可以对任何服装效果图进行加工处理，从而产生层次丰富、逼真而又个性化的视觉效果。

第一节　基础知识

一、工作区介绍

　　可以使用各种元素（如面板、栏以及窗口）来创建和处理文档或文件。这些元素的任何排列方式称为工作区（图 11-1-1）。

图11-1-1　工作区

A—选项卡式【文档】窗口　B—应用程序栏　C—工作区切换器
D—面板标题栏　E—【控制】面板　F—【工具】面板
G—【折叠为图标】按钮　H—垂直停放的四个面板组

二、图像像素大小和分辨率

（一）关于图像像素大小和分辨率

位图图像的像素大小是指沿图像的宽度和高度测量出的像素数目。分辨率是指位图图像中的细节精细度，测量单位是像素 / 英寸 (ppi)。每英寸的像素越多，分辨率越高，得到的印刷图像的质量就越好。

（二）更改图像的像素大小

说明：更改图像的像素大小不仅会影响图像在屏幕上的大小，还会影响图像的质量及其打印特性（图像的打印尺寸或分辨率）。

步骤：

1. 执行菜单【图像 / 图像大小】命令。

2. 在弹出的对话框（图 11-1-2）中更改文档的宽度或高度，或者更改分辨率。一旦更改某一个值，其他两项值会随之发生变化。

3. 要保持当前的像素宽度和像素高度的比例，请选择【约束比例】。更改高度时，该选项将自动更新宽度，反之亦然。

4. 在【像素大小】下输入【宽度】值和【高度】值。要输入当前尺寸的百分比值，请选取【百分比】作为度量单位。图像的新文件大小会出现在【图像大小】对话框的顶部，而旧文件大小在括号内显示。

5. 一定要选中【重定图像像素】，然后选取插值方法。

6. 如果图像带有应用样式的图层，请选择【缩放样式】，在调整大小后的图像中缩放效果。只有选中了【约束比例】，才能使用此选项。

7. 完成选项设置后，请单击【确定】按钮。

三、使用工具箱

说明：工具箱包含了 Photoshop CS5 的各种工具（图 11-1-3）。

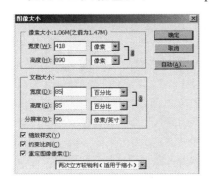

图11-1-2　【图像大小】对话框

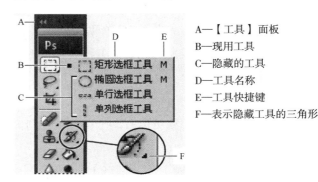

图11-1-3　工具箱

步骤：

1.单击【工具箱】中的任意工具。（如果工具的右下角有小三角形，请按住鼠标按钮来查看隐藏的工具。然后单击要选择的工具）

2.或者按住工具的快捷键。

3.按住键盘快捷键可临时切换到工具。释放快捷键后，Photoshop CS5 会返回到临时切换前所使用的工具。

四、【还原】操作和【历史记录】面板

（一）使用还原或重做命令

说明：【还原】和【重做】命令允许还原或重做操作。

步骤：

1.执行菜单【编辑 / 还原】命令。

2.或者执行菜单【编辑 / 重做】命令。

（二）历史记录面板

说明：【历史记录】面板也可以用来还原或重做操作。

步骤：

1.执行菜单【窗口 / 历史记录】显示面板。

2.或者单击"历史记录"面板选项卡。

五、标尺、网格和参考线

（一）标尺

说明：标尺可以有助于精确定位图像或元素。

步骤：

1.执行菜单【视图 / 标尺】命令。

2.执行菜单【编辑 / 首选项 / 单位与标尺】命令，可以更改单位。

3.或者右键单击标尺，然后从下拉菜单中选择一个新单位。

（二）网格和参考线

说明：参考线和网格可以有助于精确定位图像或元素。

步骤：

1.执行菜单【视图 / 显示 / 网格】命令。

2.执行菜单【视图 / 显示 / 参考线】命令。

3.执行菜单【视图 / 显示 / 智能参考线】命令。

4.执行菜单【视图 / 新建参考线】命令。弹出对话框，选择【水平】或【垂直】方向，并输入位置，然后点击【确定】按钮，可以置入参考线。

5.或者从标尺上出发，按住鼠标左键不松手拖移以创建水平或垂直参考线。

6.用【移动】工具 ▶ 可以移动参考线。

六、首选项

说明：首选项可以设置常规显示选项、文件存储选项、性能选项、光标选项、透明度选项、单位与标尺、参考线和网格、文字选项以及增效工具等。

步骤：

1.执行【编辑 / 首选项】命令，打开首选项，从子菜单中选择所需的首选项组。

2.对应不同的选项组可以进行相关的设置。

七、图层（图11-1-4）

说明：图层就如同堆叠在一起的透明纸，透过图层的透明区域看到下面的图层，可以移动图层来定位图层上的内容。

步骤：

1.双击【图层】面板中的【背景】，或者执行【图层 / 新建 / 图层背景】，将背景转换为图层。

2.单击【图层】面板中的【创建新图层】按钮 可以创建新图层；或单击【新建组】按钮 创建图层组。

3.将图层或图层组拖动到【创建新图层】按钮 ，可以复制图层或图层组。

4.单击图层、图层组或图层效果旁的眼睛图标 ，可以显示或隐藏图层、图层组或样式。

5.执行菜单【图层 / 合并图层】，可以合并图层或图层组。

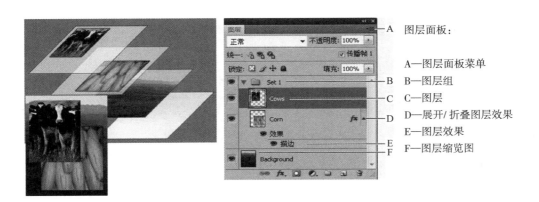

图11-1-4 【图层】及【图层】面板

第二节　服装绘图常用工具介绍

一、工具箱介绍（图11-2-1）

工具箱概览

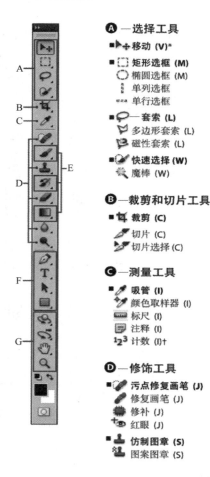

图11-2-1　工具箱介绍

二、【选择】工具

　　【选择】工具可以建立选区，包括选框、套索、多边形套索、磁性套索，配合【Shift】键加选，或【Alt】键减选。

（一）【选框】工具选择

　　说明：【选框】工具可以选择矩形、椭圆形和宽度为1个像素的行和列。

步骤：

1. 使用【矩形选框】工具 ⬚ 或【椭圆选框】工具 ○ ，在要选择的区域上拖移（图 11-2-2）。

2. 按住【Shift】键时拖动可将选框限制为方形或圆形（要使选区形状受到约束，请先释放鼠标按钮再释放【Shift】键）。

3. 要从选框中心拖动它，在开始拖动之后按住【Alt】键（Windows）或【Option】键（Mac OS）。

矩形选框　　　　　　　　　　椭圆选框　　　　　　　　　　移动工具

图11-2-2　选框

（二）【套索】工具选择 ○ （图 11-2-3）

说明：【套索】工具对于绘制选区边框的手绘线段十分有用。

步骤：

1. 选择【套索】工具。

2. 在属性栏 ▢▢▢▢ 中选择相应的选项。

3.（可选）在选项栏中设置【羽化】和【消除锯齿】。

4. 拖动鼠标绘制手绘的选区边界。

（三）【多边形套索】工具选择 ▽

说明：【多边形套索】工具对于绘制选区边框的直边线段十分有用。

步骤：

1. 选择【多边形套索】工具。

2. 在属性栏 ▢▢▢▢ 中选择相应的选项。

3.（可选）在选项栏中设置【羽化】和【消除锯齿】。

4. 在图像中单击以设置起点，连续单击，双击结束选择。

（四）【磁性套索】工具选择

说明：使用【磁性套索】工具时，边界会对齐图像中定义区域的边缘。

步骤：

1. 选择【磁性套索】工具。

2. 在属性栏 中选择相应的选项。

3. （可选）在选项栏中设置【羽化】和【消除锯齿】。

4. 在图像中单击，设置第一个紧固点，然后沿着想要跟踪的边缘移动指针。

套索工具　　　　　　　　　多边形套索　　　　　　　　　磁性套索

图11-2-3　【选择】工具

（五）使用【快速选择】工具选择

说明：使用【快速选择】工具，利用可调整的圆形画笔笔尖快速"绘制"选区，拖动时，选区会向外扩展并自动查找和跟随图像中定义的边缘。

步骤：

1. 选择【快速选择】工具。

2. 在属性栏中，单击任一选择项：【新建】、【添加到】或【相减】 。

3. 在目标选择图像部分中绘画。

4. 在建立选区时，按右方括号键【] 】可增大【快速选择】工具画笔笔尖的大小；按左方括号键【 [】可减小【快速选择】工具画笔笔尖的大小（图11-2-4）。

（六）使用【魔棒】工具选择

说明：【魔棒】工具可以选择颜色一致的区域，而不必跟踪其轮廓。设置容差的大小可以改变颜色范围的大小。

步骤：

1. 选择【魔棒】工具。

2. 在属性栏中指定一个选区选项 ，【魔棒】工具的指针会随选中的选项而变化。

3. 设置【容差】的范围。如果勾选【连续】，则容差范围内的所有相邻像素都被选中。否则，将选中容差范围内的所有像素（图 11-2-5）。

4. 点击对象，完成操作。

【魔棒】属性设置

图11-2-4 使用快速选择工具进行绘画以扩展选区　　　　图11-2-5 【魔棒】选择对象

（七）选择【色彩范围】

说明：【色彩范围】命令可以选择整个图像内指定的颜色或色彩范围。

步骤：

1. 执行菜单【选择 / 色彩范围】命令，弹出对话框（图 11-2-6）。

2. 从【选择】菜单中选取【取样颜色】工具，颜色容差：设置较低的【颜色容差】值可以限制色彩范围，设置较高的【颜色容差】值可以增大色彩范围。

3. 根据【选区预览】，调整容差数值以改变选区（图 11-2-7）。

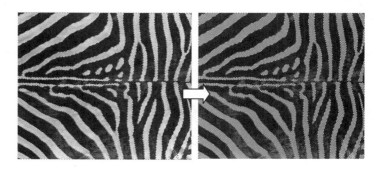

图11-2-6 色彩范围对话框　　　　图11-2-7 颜色选区后替换颜色

三、【修饰】工具

（一）【图像 / 裁剪】 ⊐

说明：裁剪是移去部分图像以形成突出或加强构图效果的过程。可以使用【裁剪】工具和【裁剪】命令。

步骤：

1. 打开图片，执行菜单【图像 / 裁剪】命令，弹出面板。

2. 或者单击工具箱中的【裁剪】图标 ⊐ 。

3. 在图像中要保留的部分上按住鼠标左键不松手拖动，创建一个选框。

4. 调整选框，满意后双击鼠标或者按下【Enter】键，结束操作（图 11-2-8 ）。

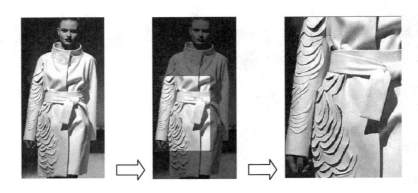

图11-2-8　裁剪图像

（二）裁剪时变换透视

说明：【裁剪】工具包含一个选项，可以变换图像中的透视。

步骤：

1. 打开一幅图片，用【裁剪】工具拖出矩形，然后勾选属性栏中的【透视】按钮。

2. 图像中出现网格，移动角点，更改透视。

3. 在图片中双击或者按下【Enter】键，或者单击属性栏中的【对勾】按钮 ✔ ，结束操作（图 11-2-9 ）。

（三）【仿制图章】工具 📇

说明：【仿制图章】工具将图像的一部分绘制到同一图像的另一部分或绘制到具有相同颜色模式的任何打开文档的另一部分。也可以将一个图层的一部分绘制到另一个图层。【仿制图章】工具对于复制对象或移去图像中的缺陷很有用。

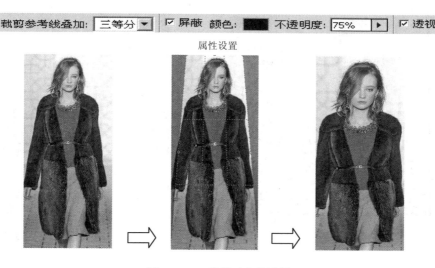

图11-2-9　裁剪时变换透视

步骤：

1. 打开一幅图片，选中【仿制图章】工具。

2. 在属性栏中，分别对【画笔笔尖】、【混合模式】、【不透明度】和【流量】进行设置。

3. 在图像任意位置按住【Alt】键并单击，设置取样点。

4. （可选）在【仿制源】面板中，单击【仿制源】按钮，并设置其他取样点。

5. 在目标校正图像部分上拖移（图 11-2-10）。

（四）【污点修复画笔】工具

说明：【污点修复画笔】工具可以快速移去照片中的污点和其他不理想部分。

步骤：

1. 选择工具箱中的【污点修复画笔】工具 。

2. 在属性栏中选取画笔大小。比要修复的区域稍大一点的画笔最为适合，这样，只需单击一次即可覆盖整个区域。

3. （可选）从属性栏的【模式】菜单中选取混合模式。选择【替换】可以在使用柔边画笔时，保留画笔描边的边缘处的杂色、胶片颗粒和纹理。

4. 在属性栏中选取一种【类型】选项。

5. 如果在属性栏中选择【对所有图层取样】，可从所有可见图层中对数据进行取样。如果取消选择【对所有图层取样】，则只从当前图层中取样。

6. 单击目标修复区域，或单击并拖动以修复较大区域中的不理想部分（图 11-2-11）。

（五）【修复画笔】工具

说明：【修复画笔】工具可用于校正瑕疵，使它们消失在周围的图像中。与【仿制】

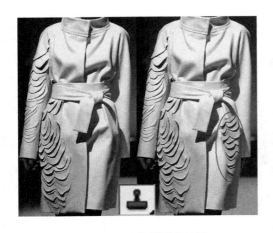

图11-2-10　仿制图章效果

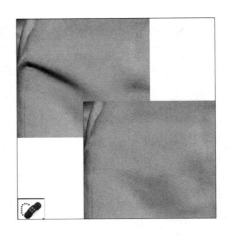

图11-2-11　污点修复画笔效果

工具一样，使用【修复画笔】工具可以利用图像或图案中的样本像素来绘画。【修复画笔】工具还可以将样本像素的纹理、光照、透明度和阴影与所修复的像素进行匹配，从而使修复后的像素不留痕迹地融入图像中。

步骤：

1. 选择【修复画笔】工具。

2. 单击属性栏中的画笔样本，并在弹出面板中设置【画笔】选项：

源——指定用于修复像素的源。【取样】可以使用当前图像的像素，而【图案】可以使用某个图案的像素。如果选择【图案】，从【图案】弹出面板中选择一个图案。

对齐——连续对像素进行取样，即使释放鼠标按钮，也不会丢失当前取样点。如果取消选择【对齐】，则会在每次停止并重新开始绘制时使用初始取样点中的样本像素。

样本——从指定的图层中进行数据取样。若从现用图层及其下方的可见图层中取样，请选择【当前和下方图层】。若仅从现用图层中取样，请选择【当前图层】。若从所有可见图层中取样，请选择【所有图层】。若从调整图层以外的所有可见图层中取样，请选择【所有图层】。

3. 然后按住【Alt】键单击，设置取样点。

4. 在图像中拖移（图11-2-12）。

（六）【修补】工具

说明：使用【修补】工具，可以用其他区域或图案中的像素来修复选中的区域。

步骤：

1. 选择【修补】工具。

2. 在图像中拖动选择目标修复区域，并在选项栏中选择【源】。

3. 或者在图像中拖动，选择目标取样区域，并在选项栏中选择【目标】。

4. 在图像中绘制选区，配合【Shift】键，可添加到现有选区。配合【Alt】键可从现有选区中减去一部分。

5. 将指针定位在选区内，如果在属性栏中选择了【源】，请将选区边框拖动到目标取样区域。释放鼠标按钮时，原来选中的区域被使用样本像素进行修补。如果在属性栏中选定了【目标】，将选区边界拖动到目标修补区域。释放鼠标按钮时，将使用样本像素修补新选定的区域（图 11-2-13）。

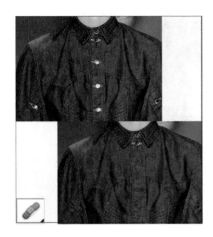

图11-2-12　【修复画笔】工具效果

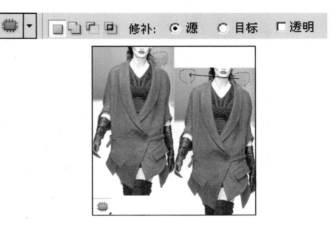

图11-2-13　【修补】工具效果

（七）【颜色替换】工具

说明：【颜色替换】工具能够简化图像中特定颜色的替换，可以使用校正颜色在目标颜色上绘画。

步骤：

1. 打开图片，在图像中选中目标替换颜色的部分，选中【颜色替换】工具。
2. 在属性栏中设置画笔笔尖。通常应保持将混合模式设置为【颜色】。
3. 若为所校正的区域定义平滑的边缘，选择【消除锯齿】。
4. 设置前景色为【替换色】。
5. 在图像中拖动可替换目标颜色（图 11-2-14）。

（八）【减淡】和【加深】工具

说明：【减淡】和【加深】工具用于调节图片特定区域的曝光度，使图像区域变亮或变暗。

步骤：

1. 选择【减淡】工具或【加深】工具。
2. 在选项栏中选取画笔笔尖并设置画笔选项。

颜色替换工具属性设置

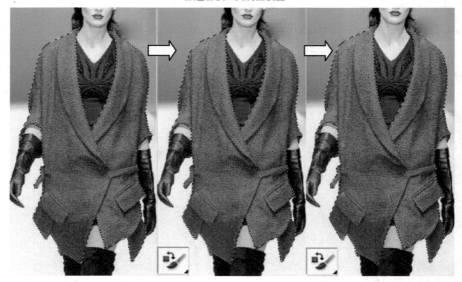

图11-2-14　颜色替换效果

3. 在选项栏中，从【范围】菜单下可以选择【中间调】更改灰色的中间范围、【阴影】更改暗区域、【高光】更改亮区域。

4. 在目标变亮或变暗的图像部分上拖动（图 11-2-15）。

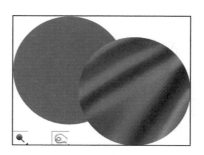

图11-2-15　颜色减淡和加深效果

四、【变换】工具

说明：变换主要是对图像进行比例、旋转、斜切、伸展或变形的处理。可以对选区、整个图层、多个图层或图层蒙版应用变换。还可以对路径、矢量形状、矢量蒙版、选区边界或 Alpha 通道应用变换。

步骤：

1. 选择目标变换对象。

2. 执行菜单【编辑 / 变换 / 缩放、旋转、斜切、扭曲、透视 或 变形】命令。

◆选取【缩放】，拖动外框上的手柄，拖动角手柄时按住【Shift】键可按比例缩放。

◆选取【旋转】，将指针移到外框之外（指针变为弯曲的双向箭头），然后拖动。按【Shift】键可将旋转限制为按 15° 增量进行。

◆选取【斜切】，则拖动边手柄可倾斜外框。

◆选取【扭曲】，则拖动角手柄可伸展外框。

◆选取【透视】，则拖动角手柄可向外框应用透视。

◆选取【变形】，请从选项栏中的【变形样式】弹出式菜单中选取一种变形，或者执行自定变形，拖动网格内的控制点、线条或区域，可以更改外框和网格的形状。

3. 完成后，按【Enter】键或者在变换选框内双击，结束操作（图 11-2-16）。

图11-2-16　变换后的效果

4. 按住【Ctrl+T】，进行【自由变换】命令可用于在一个连续的操作中应用变换。

第三节　关于颜色

一、颜色面板概述

颜色面板【窗口 / 颜色】显示当前前景色和背景色的颜色值。使用【颜色】面板中的滑块，可以利用几种不同的颜色模式编辑前景色和背景色，也可以从显示在面板底部的四色曲线图的色谱中选取前景色或背景色（图 11-3-1、图 11-3-2）。

图11-3-1　【颜色】面板

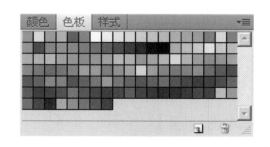

图11-3-2　【色板】面板

A—前景色　B—背景色　C—滑块　D—四色曲线图

二、选取颜色

（一）关于前景色和背景色

Photoshop CS5 使用前景色来绘画、填充和描边选区，使用背景色来生成渐变填充和在图像已抹除的区域中填充。一些特殊效果的滤镜也使用前景色和背景色。

可以使用【吸管】工具、【颜色】面板、【色板】面板或 Adobe【拾色器】指定新的前景色或背景色。默认前景色为黑色，默认背景色为白色。

（二）在工具箱中选取颜色（图 11-3-3）

说明：当前的前景色显示在工具箱上面的颜色选择框中，当前的背景色显示在工具箱下面的框中。

步骤：

1. 更改前景色，单击工具箱中的【前景色】框，然后在【拾色器】中选取一种颜色。
2. 更改背景色，单击工具箱中的【背景色】框，然后在【拾色器】中选取一种颜色。
3. 反转前景色和背景色，请单击工具箱中的【切换颜色】图标。
4. 恢复默认前景色和背景色，请单击工具箱中的【默认颜色】图标。
5. 单击【前景色】框和【背景色】框，可以在弹出的【拾色器】面板上设定。

A—【默认颜色】图标
B—【切换颜色】图标
C—【前景色】框
D—【背景色】框

图11-3-3　工具箱中的【前景色】框和【背景色】框

（三）使用【吸管】工具选取颜色

说明：【吸管】工具采集颜色以指定新的前景色或背景色。可以从现有图像或屏幕上的任何位置采集颜色。

步骤：

1. 选择【吸管】工具 。
2. 更改吸管的取样大小，从【取样大小】菜单中选取一个选项。
3. 从【样本】菜单选择一个选项，【所有图层】是指从文档中的所有图层中采集颜色，【当前图层】是从当前现用图层中采集颜色。
4. 将鼠标在目标拾取颜色上单击，即可拾取新颜色。

三、颜色模式之间的转换

（一）将图像转换为另一种颜色模式（图11–3–4）

说明：可以将图像从原来的模式（源模式）转换为另一种模式（目标模式）。例如将 RGB 图像转换为 CMYK 模式。

步骤：

1. 打开图片。

2. 执行菜单【图像 / 模式】命令，从子菜单中选取所需的模式。

3. 图像在转换为多通道、位图或索引颜色模式时应进行拼合，因为这些模式不支持图层。

（二）将彩色照片转换为灰度模式（图11–3–5）

说明：将彩色照片转换为灰度模式会使文件变小，但是扔掉颜色信息会导致两个相邻的灰度级转换成完全相同的灰度级。

步骤：

1. 打开图片，执行菜单【图像 / 模式 / 灰度】命令。

2. 在弹出的对话框中，单击【扔掉】。Photoshop CS5 会将图像中的颜色转换为黑色、白色和不同灰度级别。

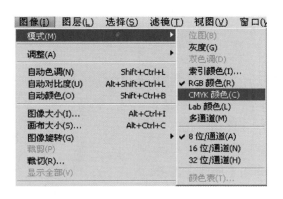

图11-3-4　【模式】菜单

图11-3-5　转换为灰度模式

四、调整图像颜色和色调（图11–3–6）

（一）色阶

说明：【色阶】是通过调整图像的阴影、中间调和高光的强度级别，从而校正图像的色调范围和色彩平衡。【色阶】直方图是调整图像基本色调的最直观参考。

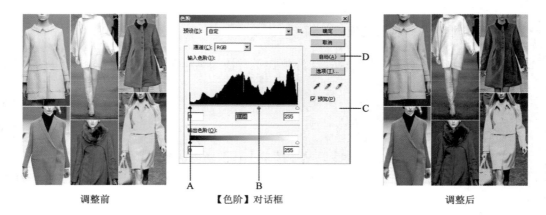

调整前　　　　　　【色阶】对话框　　　　　　调整后

图11-3-6　【色阶】调整

A—阴影　B—中间调　C—高光　D—应用自动颜色校正

步骤：

1. 执行菜单【调整 / 色阶】命令，弹出【色阶】面板。

2. 或者执行菜单【图层 / 新建调整图层 / 色阶】命令；或者单击【调整】面板中【色阶】图标 ▨ 。

3. （可选）要调整特定颜色通道的色调，请从【通道】菜单中选取选项。

4. 手动调整阴影和高光，将黑色和白色【输入色阶】滑块拖至直方图的任意一端。

5. 也可以直接在第一个和第三个【输入色阶】文本框中输入数值。

(二)【曲线】▨ (图 11-3-7)

说明：使用【曲线】或【色阶】调整图像的整个色调范围。【曲线】可以调整图像的整个色调范围内的点（从阴影到高光）。【色阶】只有三个调整（白场、黑场、灰度系数）。也可以使用【曲线】对图像中的个别颜色通道进行精确调整。

步骤：

1. 执行菜单【图像 / 调整 / 曲线】命令，弹出【曲线】面板。

2. 或者执行菜单【图层 / 新建调整图层 / 曲线】命令。再或者单击【调整】面板中的【曲线】图标。

3. 要调整图像的色彩平衡，可从【通道】菜单中选取要调整的一个或多个通道。

4. 直接在曲线上单击可以添加点；若移去控点，将其从图形中拖出或者选中该控点后按【Delete】键。

5. 单击某个点并拖动曲线直到色调和颜色满意为止。按住【Shift】键单击可选择多个点并一起将其移动。

 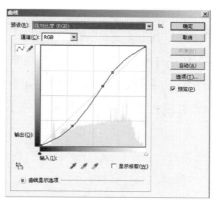 

调整前 　　　　　　　　　【曲线】对话框 　　　　　　　　　调整后

图11-3-7 　【曲线】调整

（三）【色相 / 饱和度】▰▰▰**（图 11-3-8）**

说明：【色相 / 饱和度】，可以调整图像中特定颜色范围的色相、饱和度和亮度，或者同时调整图像中的所有颜色。此调整尤其适用于微调 CMYK 图像中的颜色，以便它们处在输出设备的色域内。

步骤：

1. 选中对象，执行菜单【图像 / 调整 / 色相饱和度】命令，弹出【色相 / 饱和度】面板。

2. 或者执行菜单【图层 / 新建图层 / 色相饱和度】命令；再或者单击【调整】面板中的【色相 / 饱和度】图标▰▰▰。

3. 在【调整】面板中拖动【色相】、【饱和度】、【明度】的滑块，直到效果满意为止。

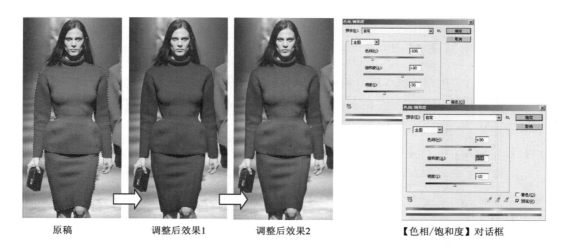

原稿 　　　　　　 调整后效果1 　　　　　　 调整后效果2 　　　　　　 【色相/饱和度】对话框

图11-3-8 　【色相/饱和度】调整

（四）【阴影/高光】（图11-3-9）

说明：【阴影/高光】命令适用于校正由强逆光而形成剪影的照片，或者校正由于太接近相机闪光灯而有些发白的焦点。【阴影/高光】命令还有用于调整图像的整体对比度的【中间调对比度】滑块、【修剪黑色】选项和【修剪白色】选项，以及用于调整饱和度的【颜色校正】滑块。

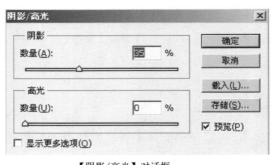

调整前　　　　　　　　　【阴影/高光】对话框　　　　　　　　　调整后

图11-3-9　　【阴影/高光】调整

步骤：

1. 执行菜单【图像/调整/阴影/高光】命令，弹出面板。

2. 移动【数量】滑块或在【阴影】或【高光】的百分比框中输入数值调整光照校正量。

3. 为了更精细地进行控制，请勾选【显示其他选项】进行其他调整。

4. 完成后点击【确定】按钮。

（五）【替换颜色】（图11-3-10）

说明：【替换颜色】命令，可以创建蒙版，以选择图像中的特定颜色，然后替换这些颜色。可以设置选定区域的色相、饱和度和亮度。或者使用【拾色器】来选择替换颜色。

步骤：

1. 选中对象，执行【图像/调整/替换颜色】命令，弹出对话框。

2. （可选）如果要在图像中选择多个颜色范围，则选择【本地化颜色簇】来构建更加精确的蒙版。

3. 拖移【颜色容差】滑块或输入一个数值来调整蒙版的【颜色容差】。

4. 拖移【色相】、【饱和度】和【明度】滑块（或者在文本框中输入数值）。

5. 双击【结果】色板并使用【拾色器】选择替换颜色。

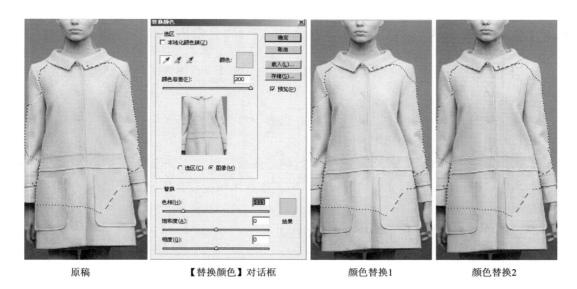

| 原稿 | 【替换颜色】对话框 | 颜色替换1 | 颜色替换2 |

图11-3-10　替换颜色

（六）【亮度／对比度】☀️（图 11-3-11）

说明：【亮度／对比度】，可以对图像的色调范围进行简单的调整。将亮度滑块向右移动会增加色调值并扩展图像高光，而将亮度滑块向左移动会减少色调值并扩展图像阴影。

步骤：

1.执行菜单【图像／亮度／对比度】命令，弹出面板。

2.或者执行菜单【图层／新建调整图层／亮度／对比度】命令；再或者单击【调整】面板中的【亮度／对比度】图标☀️。

3.在【调整】面板中，拖动滑块以调整亮度和对比度，直到满意为止。

| 原稿 | 【亮度/对比度】对话框 | 调整后 |

图11-3-11　【亮度/对比度】调整

（七）【变化】（图 11-3-12）

说明：【变化】命令通过显示替代物的缩览图，可以调整图像的色彩平衡、对比度和饱和度。

步骤：

1.打开图片，选中需要变化的区域。

2.执行菜单【图像 / 调整 / 变化】命令，弹出面板。

3.阴影、中间色调或高光调整为较暗区域、中间区域或较亮区域；饱和度更改图像中的色相强度。

4.拖移【精细 / 粗糙】滑块确定每次调整的量。

5.单击相应的颜色缩览图，调整颜色和亮度。

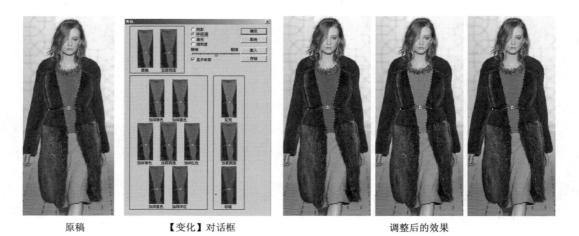

原稿　　　　　　　　【变化】对话框　　　　　　　　调整后的效果

图11-3-12　　【变化】调整

五、【渐变】工具 ▣

说明：【渐变】工具可以创建多种颜色间的逐渐混合。

步骤：

1.选择要填充的区域，否则，渐变填充将应用于整个现用图层。

2.选择【渐变】工具 ▣ 。

3.在属性栏中单击【渐变样本】旁边的三角形可以挑选预设渐变填充（图 11-3-13）。

4.在属性栏中选择应用渐变填充的选项 ▣▣◩▭◈ 。

◆线性渐变——以直线从起点渐变到终点。

◆径向渐变——以圆形图案从起点渐变到终点。

◆角度渐变——围绕起点以逆时针扫描方式渐变。

◆对称渐变——使用均衡的线性渐变在起点的任一侧渐变。

◆菱形渐变——以菱形方式从起点向外渐变。

5. 在属性栏中对【混合模式】、【不透明度】、【反向】、【仿色】、【透明区域】等进行设置。

6. 双击【渐变样本】可以打开【渐变编辑器】面板（图 11-3-14）。

7. 将指针定位在图像中要设置为渐变起点的位置，然后拖动以定义终点。

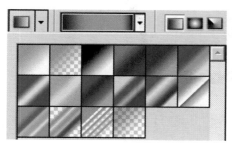

图11-3-13 预设渐变填充

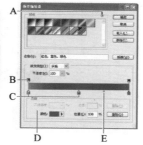

A——面板菜单
B——不透明性色标
C——色标
D——调整值或删除选中的不透明度或色标
E——中点

图11-3-14 【渐变编辑器】对话框

第四节 关于绘图

一、【画笔】和【铅笔】工具

说明 :【画笔】和【铅笔】工具可以在图像上绘制当前的前景色。【画笔】工具可以创建有颜色的柔描边，而铅笔工具则可以创建硬边直线。

步骤 :

1. 设置前景色。

2. 选择【画笔】工具 或【铅笔】工具 。

3. 在【画笔预设】选取器中选取画笔。

4. 在属性栏中设置模式、不透明度等。

5. 在图像中单击并拖动绘画。若绘制直线，在图像中单击起点，然后按住【Shift】键并单击终点即可。

二、【画笔预设】

说明 :预设画笔是一种存储的画笔，可以从笔的大小、形状和硬度等定义它的特性。

步骤 :

1. 选择一种绘画工具，然后单击属性栏中的【画笔】弹出菜单，选择一种画笔。

或者从【画笔】面板中直接选择画笔（图 11-4-1）。

2. 单击属性栏中的【切换画笔面板】按钮 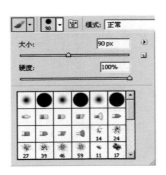 。弹出【预设画笔】面板。更改画笔【大小】、【硬度】和【间距】等（图11-4-2）。

3. 在图像中单击并拖动绘画。

图11-4-1　画笔预设

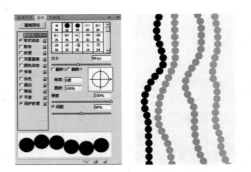

图11-4-2　【画笔】设置面板及效果

三、【图案图章】工具

说明:【图案图章】工具可使用图案进行绘画。从图案库中选择图案或者自己创建图案。

步骤：

1. 选择【图案图章】工具 。

2. 从【画笔预设】选取器中选取画笔。

3. 在属性栏中设置【模式】、【不透明度】等选项。

4. 在属性栏中选择【对齐】以保持图案与原始起点的连续性，即使释放鼠标按钮并继续绘画也不例外。取消选择【对齐】可在每次停止并开始绘画时重新启动图案。

5. 在属性栏中，从【图案】弹出面板中选择一个图案。

6. （可选）如果希望应用具有印象派效果的图案，选择【印象派效果】。

7. 在图像中拖动以使用选定图案进行绘画（图11-4-3）。

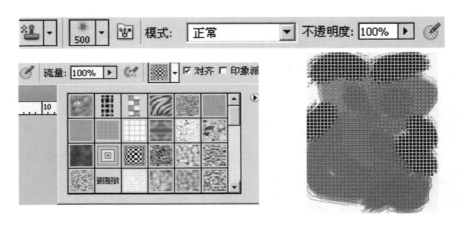

图11-4-3　【图案图章】的属性设置及效果

四、预设图案

说明：预设图案显示在油漆桶、图案图章、修复画笔和修补工具属性栏的弹出面板中，以及【图层样式】对话框中。

步骤：

1. 在任何打开的图像上使用【矩形】选框工具，选择目标图案区域。必须将【羽化】设置为"0"像素。

2. 执行菜单【编辑／定义图案】命令，弹出对话框，输入图案的名称。

3. 打开工具箱中的【油漆桶、图案图章、修复画笔或修补】工具，在其属性栏的弹出面板中出现定义的图案（图 11-4-4）。

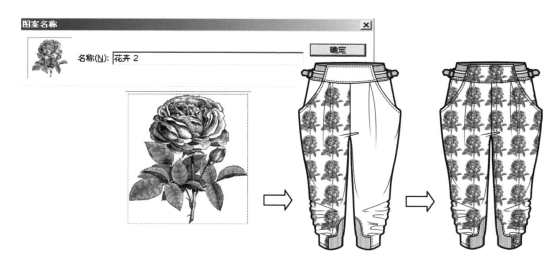

图11-4-4　定义图案及填充效果

五、形状绘制

说明：【形状】工具组可以在图层中绘制各种形状。

步骤：

1. 选择一个【形状】工具或【钢笔】工具，确保在属性栏中按下【形状图层】按钮。

2. 要选取形状的颜色，在属性栏中单击色板，然后从【拾色器】中选取一种颜色。

3. 配合【Shift】键可以绘制正方形或正圆。在页面中拖动以绘制形状。

4. 通过使用属性栏的【添加】、【减去】、【交叉】或【除外】选项来修改图层中的当前形状（图 11-4-5）。

图11-4-5　【形状】工具属性栏设置

六、【钢笔】工具

说明：【钢笔】工具可用以绘制图像和路径，可以创建复杂的形状。

步骤：

（一）形状绘制

1. 选择【钢笔】工具 📝，在属性栏按下【形状图层】按钮 ⬜。

2. 在页面中单击以确定第一个锚点，再次单击确定结束的位置，绘制直线，多次单击可以绘制连续的折线。

3. 在页面中单击以确定第一个锚点（A），在第二个锚点位置（B）按下鼠标左键不放，拖动随之出现的手柄，绘制任意的曲线（图11-4-6）。

图11-4-6　绘制曲线

4. 按住【Alt】键，在任意锚点上单击，可以在平滑点和角点之间进行转换。

5. 运用【钢笔】工具 📝、【添加锚点】工具 📝 和【删除锚点】工具 📝，可以在需要的位置添加和删除任意锚点。

（二）路径绘制

1. 选择【钢笔】工具 📝，在属性栏按下【路径】按钮 📝。切换至【路径】面板。

2. 在页面中根据需求绘制任意路径，操作方法与绘制形状相同。

3.【路径选择】工具 ▶ 可以选择路径；【直接选择】工具 ▶，可以编辑路径。

4. 选中路径后，点击面板中的【将路径作为选区载入】按钮 ◌，将路径转换为选区。

5. 选中路径后，点击面板下方的【用画笔描边路径】按钮 ◯，对路径进行描边。

6. 单击【路径面板菜单】按钮 ▤，执行【存储路径】命令，可以保存路径。

第五节　关于滤镜

Photoshop CS5 滤镜库提供了许多特殊效果的滤镜，利用这些滤镜可以对图像进行各种效果的修饰。

一、艺术效果滤镜

说明:【艺术效果】子菜单中的滤镜，都是模仿自然或传统介质的效果，包括【壁画】、【彩色铅笔】、【粗糙蜡笔】、【底纹效果】、【干画笔】、【海报边缘】、【海绵】、【绘画涂抹】、【胶片颗粒】、【木刻】、【霓虹灯光】、【水彩】、【塑料包装】和【涂抹棒】。（图 11-5-1）

步骤:

1. 在要应用【艺术效果】的图像上建立选区。

2. 执行菜单【滤镜 / 艺术效果 / 任意效果】命令，弹出面板。

3. 在面板中，设置相关属性，通过【预览】观察效果，完成后点击【确定】。

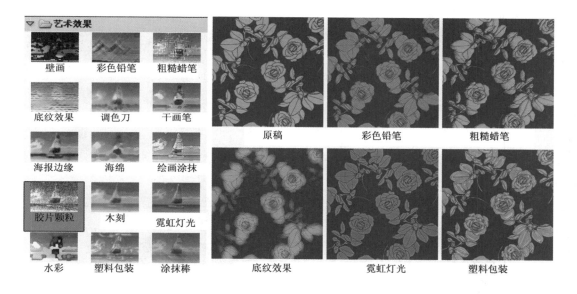

图11-5-1　各种艺术效果滤镜

二、模糊滤镜

说明:【模糊】滤镜柔化选区或整个图像，对于修饰非常有用。它是通过平衡图像中已定义的线条和遮蔽区域的清晰边缘旁边的像素，使变化显得柔和，包括【表面模糊】、【动感模糊】、【方框模糊】、【高斯模糊】、【镜头模糊】、【动感模糊】、【径向模糊】、【形状模糊】、【特殊模糊】等效果（图 11-5-2）。

步骤:

1. 建立选区或者选中整个图像。

2. 执行菜单【滤镜 / 模糊 / 任意效果】，弹出面板。

3. 在面板中，设置相关属性，通过【预览】观察效果。

4. 完成后单击面板中的【确定】按钮。

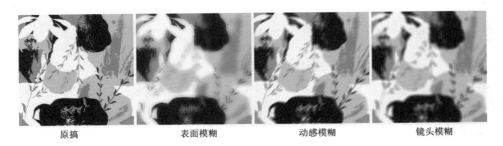

原搞　　　　　表面模糊　　　　　动感模糊　　　　　镜头模糊

图11-5-2　各种模糊滤镜

三、画笔描边滤镜

说明：与【艺术效果】滤镜一样，【画笔描边】滤镜使用不同的画笔和油墨描边效果创造出绘画效果的外观。有些滤镜还添加颗粒、绘画、杂色、边缘细节或纹理。画笔描边滤镜包括【成角的线条】、【墨水轮廓】、【喷溅】、【喷色描边】、【强化的边缘】、【深色线条】、【烟灰墨】和【阴影线】等（图11-5-3）。

步骤：

1.建立选区或者选中整个图像。

2.执行菜单【滤镜 / 画笔描边 / 任意效果】命令，弹出面板。

3.在面板中，设置相关属性，通过【预览】观察效果。

4.完成后点击面板中的【确定】按钮（图11-5-4）。

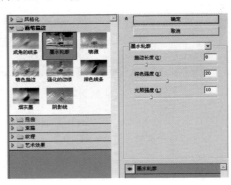

图11-5-3　【画笔描边滤镜】设置

原稿　　　　　墨水轮廓　　　　　喷溅　　　　　烟灰墨

图11-5-4　各种画笔描边滤镜效果

四、扭曲滤镜

说明：【扭曲】滤镜将图像进行几何扭曲，包括【波浪】、【波纹】、【玻璃】、【海洋波纹】、【挤压】、【扩散亮光】、【切变】、【球面化】、【水波】、【旋转扭曲】和【置换】等效果（图 11-5-5）。

步骤：

1. 建立选区或者选中整个图像。

2. 执行菜单【滤镜 / 扭曲 / 任意效果】命令，弹出面板。

3. 在面板中，设置相关属性，通过【预览】观察效果。

4. 完成后单击面板中的【确定】按钮。

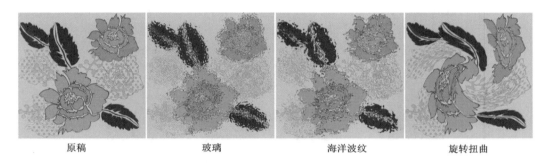

| 原稿 | 玻璃 | 海洋波纹 | 旋转扭曲 |

图11-5-5 各种扭曲滤镜效果

五、杂色滤镜

说明：【杂色】滤镜可以添加或移去杂色，也可以创建与众不同的纹理或移去有问题的区域，如灰尘和划痕，包括【较少杂色】、【蒙尘与划痕】、【去斑】、【添加杂色】、【中间值】等效果（图 11-5-6）。

步骤：

1. 建立选区或者选中整个图像。

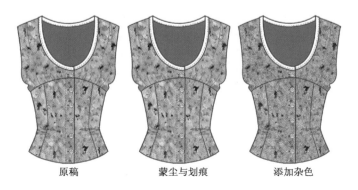

原稿　　　　　蒙尘与划痕　　　　　添加杂色

图11-5-6 各种杂色滤镜效果

2. 执行菜单【滤镜 / 杂色 / 任意效果】, 弹出面板。

3. 在面板中, 设置相关属性, 通过【预览】观察效果, 完成后点击【确定】。

六、像素化滤镜

说明 :【像素化】滤镜是通过使单元格中颜色值相近的像素结成块来清晰地定义一个选区, 包括【彩块化】、【彩色半调】、【点状化】、【晶格化】、【马赛克】、【碎片】和【铜板雕刻】等效果（图 11-5-7 ）。

步骤 :

1. 建立选区或者选中整个图像。

2. 执行菜单【滤镜 / 像素化 / 任意效果】, 弹出面板。

3. 在面板中, 设置相关属性, 通过【预览】观察效果, 完成后点击【确定】。

原稿　　　　　　彩色半调　　　　　　晶格化　　　　　　铜板雕刻

图11-5-7　各种像素化滤镜效果

七、渲染滤镜

说明:【渲染】滤镜在图像中创建 3D 形状、云彩图案、折射图案和模拟的光反射, 包括【分层云彩】、【光照效果】、【镜头光晕】、【纤维】、【云彩】等效果（图 11-5-8 ）。

步骤 :

1. 建立选区或者选中整个图像。

2. 执行菜单【滤镜 / 渲染 / 任意效果】, 弹出面板。

3. 在面板中, 设置相关属性, 通过【预览】观察效果。

4. 完成后单击面板中的【确定】按钮。

八、素描滤镜

说明 :【素描】滤镜可以在图像上添加各种纹理, 包括【半调图案】、【便条纸】、【粉笔和炭笔】、【铬黄渐变】、【绘图笔】、【基底凸现】、【石膏效果】、【水彩画纸】、【撕边】、【炭笔】、【炭精笔】、【图章】、【网状】、【影印】等效果（图 11-5-9 ）。

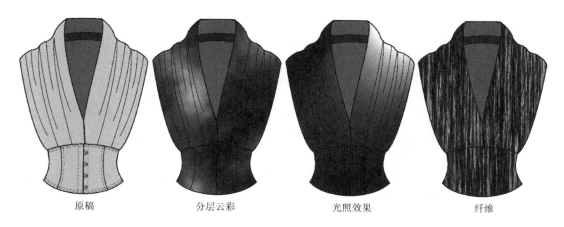

原稿　　　　　　分层云彩　　　　　　光照效果　　　　　　纤维

图11-5-8　各种渲染滤镜效果

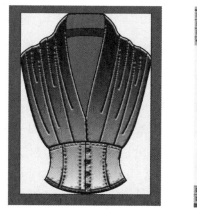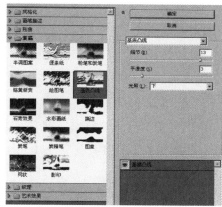

图11-5-9　【素描滤镜效果】设置

步骤：

1.建立选区或者选中整个图像。

2.执行菜单【滤镜/素描/任意效果】，弹出面板。

3.在面板中，设置相关属性，通过【预览】观察效果。

4.完成后单击面板中的【确定】按钮。

九、风格化滤镜

说明：【风格化】滤镜通过置换像素和通过查找并增加图像的对比度，在选区中生成绘画或印象派的效果，包括【查找边缘】、【等高线】、【风】、【浮雕效果】、【扩散】、【拼贴】、【曝光过度】、【凸出】、【照亮边缘】等效果（图 11-5-10）。

步骤：

1.建立选区或者选中整个图像。

2. 执行菜单【滤镜 / 素描 / 任意效果】, 弹出面板。

3. 在面板中, 设置相关属性, 通过【预览】观察效果。

4. 完成后单击面板中的【确定】按钮。

| 原稿 | 浮雕效果 | 凸出 | 照亮边缘 |

图11-5-10　各种风格化滤镜效果

十、纹理滤镜

说明:可以使用【纹理】滤镜模拟具有深度感或物质感的外观,或者添加一种器质外观,包括【龟裂缝】、【颗粒】、【马赛克拼贴】、【拼缀图】、【染色玻璃】、【纹理化】等效果（图11-5-11）。

步骤:

1. 建立选区或者选中整个图像。

2. 执行菜单【滤镜 / 纹理 / 任意效果】, 弹出面板。

3. 在面板中, 设置相关属性, 通过【预览】观察效果。

4. 完成后单击面板中的【确定】按钮。

| 原稿 | 龟裂缝 | 染色玻璃 | 纹理化 |

图11-5-11　各种纹理滤镜效果

本章小结

1. 图像像素越多，分辨率越高，得到的印刷质量就越好。

2. 首选项可以设置常规显示选项、文件存储选项、性能选项、光标选项、透明度选项、单位与标尺、参考线和网格、文字选项以及增效工具等。

3. 【色彩范围】命令可以选择整个图像内指定的颜色或色彩范围。

4. 【减淡】和【加深】工具用于绘制服装面料的阴影、质感，非常方便。

5. 【滤镜】可以对图像进行各种效果的修饰。

思考练习题

1. 如何更改图像的像素大小？

2. 如何使用【仿制图章】、【污点修复画笔】、【修补】工具修改图像上的瑕疵？

3. 如何进行图像颜色的调整？

4. 找一些服装图片，利用所学工具将其进行颜色替换。

应用理论与训练——

第十二章　服饰配件的设计

课题名称： 服饰配件的设计

课题内容： 钢笔工具

路径修改及保存

对象的填充与变换

各种滤镜效果

添加图层样式

课题时间： 6课时

教学目的： 通过案例的演示与操作步骤，让学生掌握服饰品的设计与绘制，具备利用所学工具绘制任意服饰品的能力。

教学方式： 教师演示及课堂训练。

教学要求： 1. 用Photoshop CS5 软件绘制并处理各种头饰。

2. 用Photoshop CS5 软件绘制并处理手袋。

3. 用Photoshop CS5 软件绘制并处理各种鞋子。

课前准备： 熟悉并掌握Photoshop CS5 各种工具的操作方法和技巧。

第十二章　服饰配件的设计

　　服饰配件的种类很多，主要包括头饰、颈饰、胸饰、腰饰、腕饰、包袋、鞋子等。每种配件的造型又有着完全不同的外观效果，这就要求设计者在绘制时必须准确把握各自的外形特征。 Photoshop CS5 软件，尤其是钢笔工具、路径选择工具可以精确地绘制任意简单或复杂的图像，同时配合自由变换工具、图案填充工具、滤镜效果、添加图层样式等工具完成不同首饰、包袋、鞋子等配件的设计与绘制。

第一节　头饰

一、帽子实例效果（图12-1-1）

图12-1-1　帽子效果图

二、帽子绘制步骤

　　1. 按住快捷键【Ctrl+N】，新建一个文件（图 12-1-2）。

　　2. 选择工具箱【钢笔】工具 ✐（快捷键【P】），其属性栏设置如图 12-1-3 所示，绘制帽子的轮廓路径（图 12-1-4）。

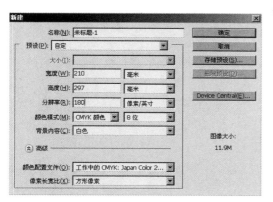

图12-1-3 【钢笔】属性设置

图12-1-2 新建文件

图12-1-4 帽子轮廓路径

3. 储存路径。点击路径面板右上方的"小三角"执行【存储路径】命令，在弹出的对话框中设置名称为【帽子轮廓】，完成后点击【确定】按钮，路径被保存（图12-1-5）。

4. 设置前景色为黑色 ，选择工具箱中【铅笔】工具，其属性设置如图12-1-6所示。点击【切换画笔面板】按钮 ，弹出面板，进行画笔预设（图12-1-7）。

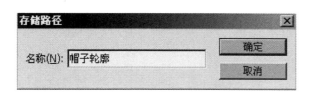

图12-1-5 保存路径

图12-1-6 【铅笔】属性设置

图12-1-7 【画笔】预设面板

5. 切换至图层面板，单击图层面板中的【创建新图层】按钮 ，新建图层1，改名为【帽子轮廓】（图12-1-8）。

6. 选择工具箱中的【路径选择】工具 （快捷键【A】），配合【Shift】键，选择【帽子】所有路径。然后点击【路径】面板下方的【描边路径】按钮 （图12-1-9）。

7. 取消路径的选择，切换至图层面板，帽子轮廓显现（图12-1-10）。

图12-1-8　新建图层　　　　　图12-1-9　描边路径　　　　　图12-1-10　描边后的帽子轮廓

8. 选择工具箱中【橡皮擦】工具 ，在帽子轮廓图层，擦除交叠的部分轮廓（图 12-1-11 ）。

9. 设置前景色为"黑色"，选择工具箱中的【铅笔】工具，点击【切换画笔面板】按钮，弹出面板，将画笔设置成虚线（图 12-1-12 ）。

10. 切换至路径面板，点击【帽子轮廓】路径，然后选择工具箱中的【路径选择】工具 （快捷键【 A 】），选择【帽子边缘】的路径。然后点击路径面板下方的【描边路径】按钮 （图 12-1-13 ）。

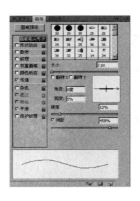

图12-1-11　擦除交叠部分　　　　图12-1-12　设置虚线　　　　图12-1-13　虚线描边

11. 切换至图层面板，点击【帽子轮廓】图层，边缘虚线显现。

12. 按住快捷键【 Ctrl+O 】打开随书光盘中的素材图片 12.1.jpg。按住【 Ctrl+A 】全选对象，然后按住快捷键【 Ctrl+C 】复制选区。

13. 切换至【帽子】文件，按住快捷键【 Ctrl+V 】粘贴选区。在图层面板自动生成【图层 1 】，可以将其更名为【图案】（图 12-1-14 ）。

14. 切换至图层面板，点击【图案】图层，右键单击执行【复制图层】，自动生成【图案副本】图层。选择工具箱【移动】工具 ，将图案移至帽子顶端。按住快捷键【 Ctrl+T 】，对图案大小进行拖放，双击鼠标应用变换（图 12-1-15）。

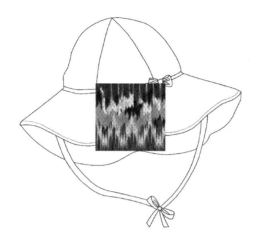

图12-1-14　粘贴文件

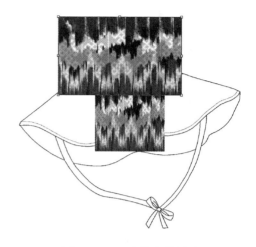

图12-1-15　变换印花图片

15. 执行菜单【编辑 / 变换 / 旋转】命令，可以旋转对象，双击鼠标应用旋转（图 12-1-16）。

16. 执行菜单【编辑 / 变换 / 变形】命令，对象中出现网格，拖动网格各个手柄，将其变形，单击工具箱的任意工具，弹出应用面板，点击【应用】按钮（图 12-1-17）。

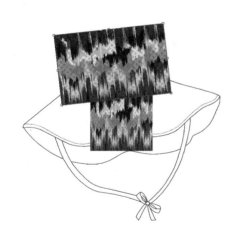

图12-1-16　旋转印花图片

图12-1-17　变形印花图片

17. 关闭【图案副本】图层前面的"眼睛"图标。点击【帽子轮廓】图层，然后选择工具箱【魔棒】工具 ，配合【Shift】键选中帽子顶部（图 12-1-18）。

18. 点击【图案副本】图层，并打开前面的"眼睛"图标，执行菜单【选择 / 反向】命令（快捷键【Shift+Ctrl+I】），然后按住【Delete】键，删除选区，得到效果（图 12-1-19）。

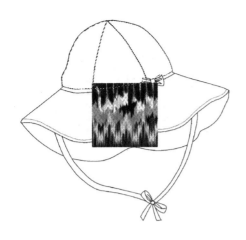

图12-1-18 选择选区　　　　　　　　图12-1-19 填充选区

19. 按住快捷键【Ctrl+D】取消选区。点击【图案】图层，按住快捷键【Ctrl+T】，对图案大小进行拖放并旋转（图12-1-20）。执行菜单【编辑/变换/变形】命令，将其变形，单击工具箱的任意工具，弹出应用面板，点击【应用】按钮（图12-1-21）。

图12-1-20 变换印花1　　　　　　　　图12-1-21 变形印花2

20. 关闭【图案】图层前面的"眼睛"图标。点击【帽子轮廓】图层，然后选择工具箱【魔棒】工具 ，选中帽檐部分（图12-1-22）。

21. 点击"图案"图层，并打开前面的"眼睛"图标，执行菜单【选择/反向】命令（快捷键【Shift+Ctrl+I】），然后按住键盘上的【Delete】键，删除选区，得到效果（图12-1-23）。

22. 按住【Ctrl+D】取消选区。选择工具箱【吸管】工具 ，在页面中的"浅黄色"上单击，将前景色设置为【浅黄色】 。切换至【图层】面板，点击【帽子轮廓】图层。然后选择工具箱【魔棒】工具 ，配合【Shift】键选中帽带，然后点击【图层】面板中的【创建新图层】按钮 ，新建【图层1】，按住快捷键【Alt+Delete】，将前景色填充在选区，

图12-1-22　选择选区

图12-1-23　填充选区

按住快捷键【Ctrl+D】取消选区（图 12-1-24）。

23. 点击【图层 1】，然后点击面板下方【添加图层样式】按钮 **_fx._**，执行【图案叠加】命令，在弹出的对话框（图 12-1-25）中对图案的【混合模式】、【透明度】、【图案类型】、【缩放】等属性进行设置。完成后点击【确定】按钮（图 12-1-26）。

图12-1-24　填充帽带

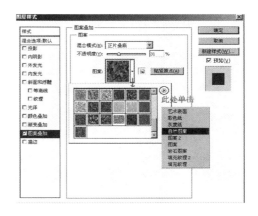

图12-1-25　图案叠加面板

图12-1-26　图案叠加后的效果

24. 点击【帽子轮廓】图层。选择工具箱【魔棒】工具  ，配合【Shift】键选中帽子阴影部分，然后点击【图层】面板中的【创建新图层】按钮 ，新建【图层 2】。选择工具箱【渐变】工具，点击属性栏中的 ，可以打开【渐变编辑器】（图 12-1-27），在渐变条上点击"首色"黑色，将鼠标移至页面中的"褐色"上单击。此时，首色由默认的"黑色"转变成"褐色"，完成后点击【确定】按钮。然后在页面中的选区内拖出渐变效果（图 12-1-28）。

图12-1-27　渐变编辑

图12-1-28　应用渐变后效果

25. 切换至【图层 1】，鼠标右键单击，执行【拷贝图层样式】命令。切换至【图层 2】，鼠标右键单击，执行【粘贴图层样式】命令（图 12-1-29）。

26. 添加帽子投影。点击【帽子轮廓】图层，然后点击面板下方【添加图层样式】按钮 ，执行【投影】，弹出对话框，设置（图 12-1-30），完成后点击【确定】按钮，得到效果（图 12-1-31）。

27. 切换至【图案】图层，选择工具箱中的【加深】工具 和【减淡】工具 ，对帽檐进行颜色的加深和减淡，完成后存盘（图 12-1-32）。

图12-1-29　复制图层样式

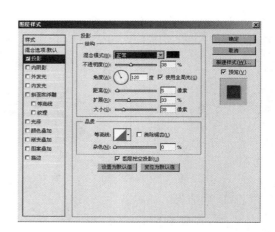

图12-1-30　【投影】设置

图12-1-31 添加投影后效果

图12-1-32 最后效果

第二节 包袋

一、包袋实例效果（图12-2-1）

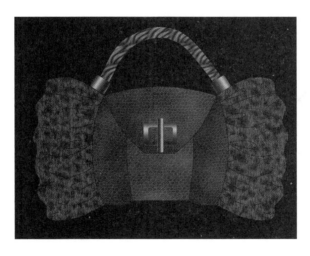

图12-2-1 手袋效果图

二、包袋绘制步骤

第一阶段：绘制手袋轮廓

1. 按住快捷键【Ctrl+N】，新建一个文件（图 12-2-2）。

2. 打开网格，绘制路径。执行菜单【视图 / 显示 / 网格】，选择工具箱【钢笔】工具 🖊 （快捷键【P】），在属性栏中按下【路径】按钮 📐。在页面中参照网格绘制路径，如果对绘制的路径不满意，可以选择工具箱【直接选择】工具 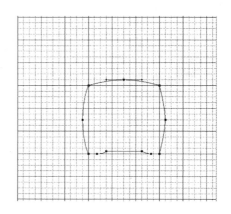，拖动路径手柄对其进行修改，完成后储存路径，自动命名为【路径1】（图12-2-3）。

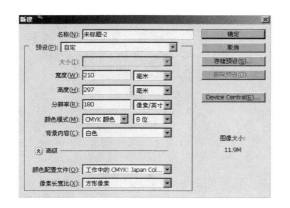

图12-2-2　新建文件

图12-2-3　绘制路径

3. 绘制路径。选择工具箱中的【钢笔】工具 ，继续绘制路径，按住【Enter】键可以结束路径的绘制（图12-2-4）。

4. 复制路径。选择工具箱中的【路径选择】工具 ，框选左边的路径，按住【Alt】键复制移动至右边（图12-2-5）。

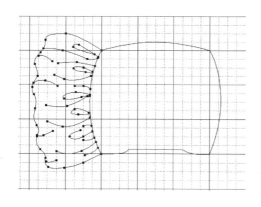

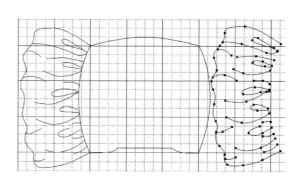

图12-2-4　绘制路径

图12-2-5　复制路径

5. 翻转路径。执行菜单【编辑/变换路径/水平翻转】命令，然后选择工具箱中的【路径选择】工具 ，将路径移至合适位置（图12-2-6）。

6. 选择工具箱中的【钢笔】工具 ，完成整个路径的绘制（图12-2-7）。

7. 绘制手柄上的金属环。选择工具箱中的【圆角矩形】工具 ，在属性栏中按下【路径】按钮 ，绘制一个圆角矩形的路径，按住快捷键【Ctrl+T】进行缩放与旋转，双击鼠标应用效果（图12-2-8）。

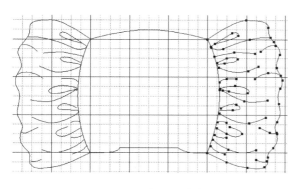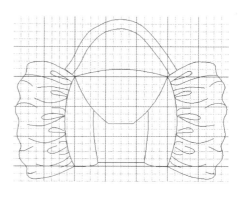

图12-2-6　水平翻转路径　　　　　　　　图12-2-7　绘制路径

8.复制路径。选择工具箱中的【路径选择】工具 ，按住【Alt】键复制移动圆角矩形至右边。执行菜单【编辑 / 变换路径 / 水平翻转】命令，并移至合适位置（图 12-2-9）。

9.绘制金属扣。选择工具箱中的【圆角矩形】工具 ，在属性栏中按下【路径】按钮 ，绘制金属扣路径（图 12-2-10）。

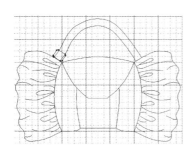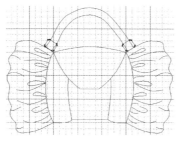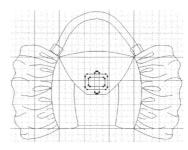

图12-2-8　绘制路径　　　　　　图12-2-9　复制路径　　　　　　图12-2-10　绘制金属扣路径

10. 关闭网格。切换至【图层】面板，单击【图层】面板下方的【创建新图层】按钮 ，新建 2 个图层，并分别命名为【金属扣】层、【轮廓】层（图 12-2-11）。

11. 切换至【路径】面板，用【路径选择】工具 选择左边金属环路径，并点击面板下方【将路径作为选区载入】按钮 （图 12-2-12）。

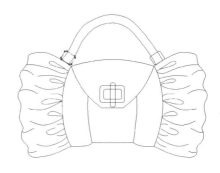

图12-2-11　新建图层　　　　　　　　图12-2-12　将路径作为选区载入

12. 切换至图层面板【金属扣】图层。选择工具箱中的【渐变】工具  ，打开【铜色渐变】，在选区拖出渐变（图 12-2-13）。

13. 重复上面的操作，填充右边的金属环和金属扣（图 12-2-14）。

14. 切换至路径面板，用【路径选择】工具 选择金属扣里面的环，并点击面板下方【将路径作为选区载入】按钮 。切换至图层面板【金属扣】图层，设置前景色为"白色" ，按住快捷键【Alt+Delete】将前景色填充在选区。然后完成扣的填充（图 12-2-15）。

图12-2-13 应用渐变　　　　图12-2-14 应用渐变　　　　图12-2-15 填充白色

15. 设置前景色为"黑色" ，选择工具箱【铅笔】工具 ，属性设置（图 12-2-16）。

16. 在图层面板中，点击【轮廓】图层。切换至【路径】面板，用【路径选择】工具 ，配合【Shift】键，选择包身部分（图 12-2-17）。点击面板下方的【描边路径】按钮 。在【轮廓】图层，描边对象显现（图 12-2-18）。

图12-2-16 【铅笔】属性设置

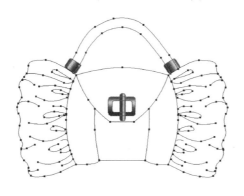

图12-2-17 选择路径

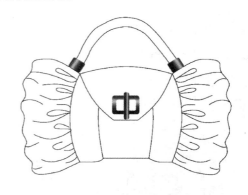

图12-2-18 描边路径

第二阶段：绘制蛇皮面料

17. 按住快捷键【Ctrl+N】另外新建一个文件（图 12-2-19）。

18. 设置前景色【R】为"200",【G】为"170",【B】为"31"，背景色【R】为"116"，【G】为"72",【B】为"8" 。执行菜单【滤镜/渲染/云彩】命令（图 12-2-20）。

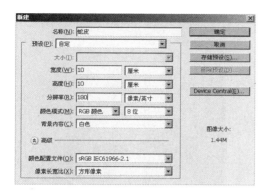

图12-2-19 新建文件

图12-2-20 运用滤镜

19. 执行菜单【滤镜/纹理/染色玻璃】命令，在弹出的对话框中（图12-2-21）设置单元格大小为"9"、边框粗细为"3"、光照强度为"0"，点击【确定】按钮（图12-2-22）。

图12-2-21 滤镜设置

图12-2-22 运用滤镜后的效果

20. 切换至【图层】面板，右键单击【背景】图层，执行【复制图层】，自动生成【背景副本】图层（图12-2-23）。

21. 单击【背景副本】图层，执行菜单【滤镜/风格化/浮雕效果】命令，在弹出的对话框中（图12-2-24）设置角度为"115"，高度为"2"，数量为"322"，点击【确定】按钮（图12-2-25）。

图12-2-23 复制图层

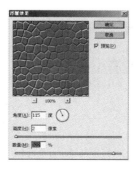

图12-2-24 浮雕设置

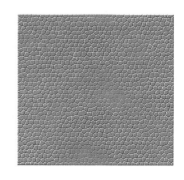

图12-2-25 运用浮雕后的效果

22. 执行菜单【调整 / 变化】命令，弹出【变化】面板（图 12-2-26），在面板中加深黄色两次、加深蓝色一次（图 12-2-27）。

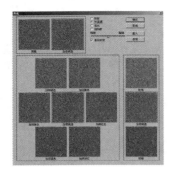

图12-2-26　变化颜色面板

图12-2-27　变化颜色后的效果

23. 切换至【图层】面板，在混合模式中选择【正片叠底】（图 12-2-28），得到效果（图 12-2-29）。

24. 执行菜单【滤镜 / 模糊 / 高斯模糊】命令，半径为"1.2"，将其不透明度设置为"85%"，完成后执行菜单【图层 / 合并可见图层】命令，然后按住快捷键【Ctrl+A】全选对象，快捷键【Ctrl+C】复制选区（图 12-2-30）。

图12-2-28　选择混合模式

图12-2-29　正片叠底效果

图12-2-30　高斯模糊

25. 回到手袋轮廓的文件，按住快捷键【Ctrl+V】粘贴选区，自动生成【图层 1】，复制【图层 1】，生成【图层 1 副本】（图 12-2-31）。

26. 关闭【图层 1】前面的"眼睛"图标，点击【图层 1 副本】图层。执行菜单【编辑 / 变换 / 透视】命令，拖动四个角点可以形成透视，双击鼠标应用透视效果（图 12-2-32）。

图12-2-31　复制图层

图12-2-32　运用透视

27. 切换至【轮廓】图层，选择工具箱中【魔棒】工具，选中袋盖部分（图 12-2-33）。

28. 点击【图层 1 副本】，执行菜单【选择 / 反向】（快捷键【Shift+Ctrl+I】），按住【Delete】键删除。按住快捷键【Ctrl+D】去掉选区，选择工具箱中的【加深】工具 和【减淡】工具 ，对袋盖进行颜色的加深和减淡（图 12-2-34）。

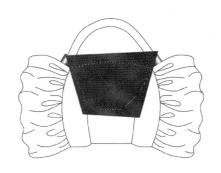 

图12-2-33　选择选区　　　　　　　　　　　　　图12-2-34　填充选区

29. 点击【图层 1】，执行菜单【编辑 / 变换 / 变形】命令，拖动网格点，移至合适位置，双击鼠标应用变形效果（图 12-2-35）。

30. 切换至【轮廓】图层，选择工具箱中的【魔棒】工具，选中袋身部分（图 12-2-36）。

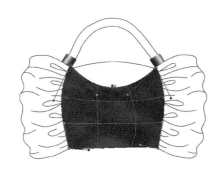 

图12-2-35　变形选区　　　　　　　　　　　　　图12-2-36　选择选区

31. 切换至【图层 1】，执行菜单【选择 / 反向】（快捷键【Shift+Ctrl+I】），按住【Delete】键删除。按住快捷键【Ctrl+D】去掉选区，选择工具箱中的【加深】工具 和【减淡】工具 ，对袋身进行颜色的加深和减淡（图 12-2-37）。

第三阶段：完善细节

32. 切换至【轮廓】图层。选择工具箱中的【魔棒】工具，选中手袋手柄部分。设置前景色【R】为 "116"，【G】为 "72"，【B】为 "8" ，点击【图层】面板下方的【创建新图层】按钮 ，新建【图层 2】，更名为【手柄】。按住快捷键【Alt+Delete】，将前景色填充在选区（图 12-2-38）。

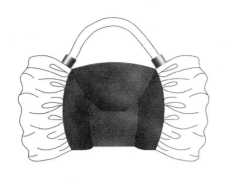

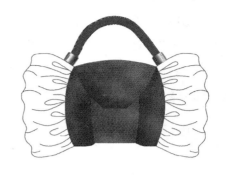

图12-2-37　加深和减淡处理　　　　　　　　　图12-2-38　填充手柄

33. 点击【图层】面板下方【添加图层样式】按钮 **fx.**，执行【图案叠加】命令，在弹出的对话框中设置各参数（图12-2-39）后得到效果（图12-2-40）。

34. 切换至【轮廓】图层。选择工具箱中的【魔棒】工具，选中手袋的荷叶部分。点击【图层】面板下方的【创建新图层】按钮 ，新建图层，更名为【荷叶】，按住快捷键【Alt+Delete】，将前景色填充在选区（图12-2-41）。

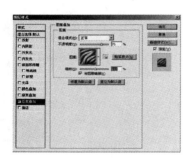

图12-2-39　图案叠加设置　　　图12-2-40　图案叠加后的效果　　　图12-2-41　单色填充

35. 点击【荷叶】图层下方的【添加图层样式】按钮 **fx.**，执行【图案叠加】命令，在弹出的对话框（图12-2-42）中设置混合模式为"线性加深"、不透明度为"30%"，缩放为"66%"得到效果（图12-2-43）。

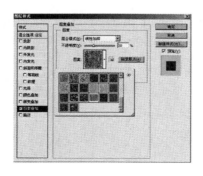

图12-2-42　【图案叠加】设置　　　　　　图12-2-43　应用图案叠加后的效果

36. 更改图层顺序。将【图层 1 副本】移至【金属扣】图层下方（图 12-2-44）。

37. 点击【金属扣】图层，选择工具箱中的【魔术橡皮擦】工具 ，在白色上单击，将其擦除（图 12-2-45）。

图12-2-44　移动图层　　　　　　　　　　　　图12-2-45　擦除对象

38. 将前景色设置为"黑色" ，双击【背景】图层，弹出对话框，默认名称为【图层 0】，点击【确定】按钮（图 12-2-46）。

39. 按住快捷键【Alt+Delete】，将前景色填充至【图层 0】，得到效果（图 12-2-47）。完成后存盘。

图12-2-46　解锁背景图层

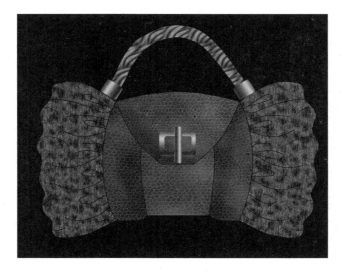

图12-2-47　最后效果

第三节　鞋子

一、鞋子实例效果（图12-3-1）

图12-3-1　鞋子效果图

二、鞋子绘制步骤

第一阶段：绘制鞋子轮廓

1.按住快捷键【Ctrl+N】，新建文件（图 12-3-2）。

2.选择工具箱中的【钢笔】工具 ✎（快捷键【P】），在属性栏中按下【路径】按钮
🔳，绘制鞋子路径，按住【Enter】键结束路径的绘制。如果对绘制的路径不满意，可以
选择工具箱中的【直接选择】工具 🔾，拖动路径手柄对其进行修改，完成后储存路径，
命名为【鞋子】（图 12-3-3）。

3.用【钢笔】工具 ✎ 继续绘制鞋襻和鞋带路径（图 12-3-4）。

4.点击【图层】面板下方的【创建新图层】按钮 🔳，新建图层，更名为【鞋子轮廓】。
设置前景色为"黑色" ◼，选择工具箱中的【铅笔】工具 ✎，其属性大小为"2px"。
切换至路径面板，单击【鞋子】路径，选择工具箱中的【路径选择】工具 🔾，选择鞋子
外轮廓（图 12-3-5）。然后点击面板下方的【描边路径】按钮 ⭕。在【鞋子轮廓】图层，

描边对象显现（图 12-3-6）。

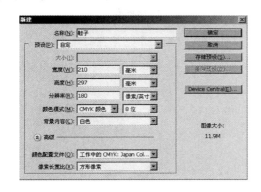

图12-3-2　新建文件　　　　　　　　　　图12-3-3　绘制路径

图12-3-4　绘制路径　　　　图12-3-5　选中路径　　　　图12-3-6　描边路径

5. 点击【图层】面板下方的【创建新图层】按钮 ▣ ，再新建两个图层，分别更名为【鞋襻】层和【鞋带】层。

6. 设置前景色为【R】为"75"，【G】为"96"，【B】为"136" ▣ 。单击【鞋襻】图层，然后切换至路径面板，打开【鞋子】路径，应用【路径选择】工具 ▸ ，配合【Shift】键，选择鞋襻外围路径（图 12-3-7）。然后点击面板下方的【将路径作为选区载入】按钮 ▢ ，按住快捷键【Alt+Delete】，将前景色填充在"鞋襻"图层，按住快捷键【Ctrl+D】取消选区（图 12-3-8）。

图12-3-7　选择路径　　　　　　　　　　图12-3-8　填充路径

7. 设置前景色为"黑色" ■，应用【路径选择】工具 ▶，配合【Shift】键，选择鞋襻所有路径。然后点击面板下方的【描边路径】按钮 ○（图12-3-9）。

8. 设置前景色为"白色",选择工具箱【魔棒】工具,配合【Shift】键,选择【鞋襻】的内部,按住快捷键【Alt+Delete】，将前景色填充在选区。按住【Ctrl+D】取消选区（图12-3-10）。

图12-3-9　描边路径　　　　　　　　　　图12-3-10　填充选区

9. 点击【鞋带】图层,设置前景色为"黑色" ■。然后切换至【路径】面板,应用【路径选择】工具 ▶,配合【Shift】键,选择鞋带所有路径。然后点击面板下方的【描边路径】按钮 ○（图12-3-11）。

10. 打开工具箱中的【选择】工具 ▶+，勾选属性栏中的【自动选择】（图12-3-12）。

11. 选择工具箱中【橡皮擦】工具，擦除鞋带叠加的部分。擦除过程中按住键盘上的左方括号键【[】和右方括号键【]】键，可以随时调整橡皮擦的大小（图12-3-13），得到效果（图12-3-14）。

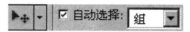

图12-3-12　【选择】属性设置

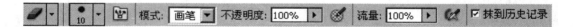

图12-3-13　【橡皮擦】属性设置

图12-3-11　描边路径　　　　　　　　　图12-3-14　使用【橡皮擦】修改对象

第二阶段：绘制牛仔面料

12. 按住快捷键【Ctrl+N】，新建两个新文档，一个是用来制作图标文件的文档（图 12-3-15），另一个是仿制牛仔面料纹理的填充图案的小文档（图 12-3-16）。

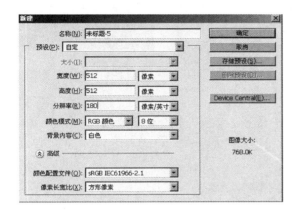

图12-3-15　新建文件1　　　　　　　　　　图12-3-16　新建文件2

13. 在小文档中设置前景色【R】为"84"，【G】为"136"，【B】为"25" ▊。应用"1px"的铅笔，配合【Shift】键画出斜线（图 12-3-17）。

14. 执行菜单【编辑 / 定义图案】命令，弹出对话框，设置名称为【斜线】，点击【确定】按钮（图 12-3-18）。

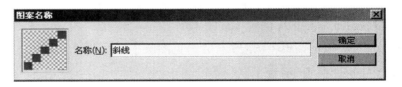

图12-3-17　绘制斜线　　　　　　　　　　图12-3-18　定义图案名称

15. 在图标文档中设置前景色为【R】为"7"，【G】为"32"，【B】为"65"，按住快捷键【Ctrl+Delete】填充【背景】图层（图 12-3-19）。

16. 点击【图层】面板下方的【创建新图层】按钮 ▣ ，新建图层 1，更名为【背景纹路】。选择工具箱中【油漆桶】工具，在上方属性栏中选择【图案】（图 12-3-20），选中【斜线】，在页面中单击得到效果（图 12-3-21）。

17. 点击【背景】图层，执行菜单【滤镜 / 杂色 / 添加杂色】命令（图 12-3-22）。

 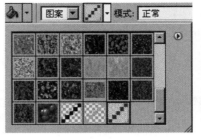 

图12-3-19 设置颜色　　　　图12-3-20 选择填充的图案　　　图12-3-21 图案填充

18. 如果觉得效果不理想,可以执行菜单【滤镜/杂色/蒙尘与划痕】,弹出对话框(图 12-3-23),设置完毕后得到效果(图 12-3-24)。

图12-3-22 【添加杂色】设置　　图12-3-23 【蒙尘与划痕】设置　　图12-3-24 应用后效果

19. 点击【背景纹路】图层,执行菜单【滤镜/纹理/颗粒/胶片颗粒】命令,弹出对话框,设置完成后点击【确定】按钮(图 12-3-25)。

20. 执行菜单【图层/合并可见图层】命令。然后按住快捷键【Ctrl+A】全选对象,并按住快捷键【Ctrl+C】复制选区。

21. 回到鞋子文件,按住快捷键【Ctrl+V】粘贴选区,自动生成【图层 1】,更名为【牛仔】。复制【牛仔】图层,生成【牛仔副本】图层(图 12-3-26)。

第三阶段:填充鞋子

22. 点击【牛仔】图层,执行菜单【编辑/变换/变形】命令(图 12-3-27)。切换至【鞋子轮廓】图层,用【魔棒】工具选择鞋面部分。回到【牛仔】图层,按住快捷键【Shift+Ctrl+I】,再按下【Delete】键,将选区内对象删除。按住快捷键【Ctrl+D】取消选区。选择工具箱中的【减淡】工具，,减淡局部颜色(图 12-3-28)。

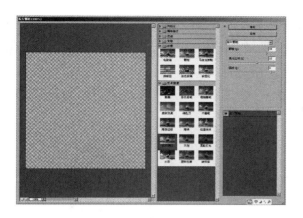

图12-3-25　【胶片颗粒】的设置

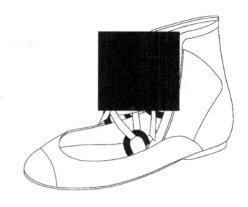

图12-3-26　粘贴图片

图12-3-27　图片变形

图12-3-28　图片填充在选区

23. 按照同样的方法，填充鞋子后跟部分（图 12-3-29）。

24. 切换至【鞋子轮廓】图层，应用【魔棒】工具选择鞋头部分，回到【牛仔】图层。设置前景色【R】为"99"，【G】为"143"，【B】为"93" ，按住【Alt+Delete】键将其填充在选区。然后选择工具箱中的【加深】工具 和【减淡】工具 ，加深和减淡局部颜色（图 12-3-30）。

图12-3-29　图片填充选区

图12-3-30　加深和减淡

25. 按照同样的方法，填充鞋帮部分（图12-3-31）。

26. 填充鞋里部分。点击【图层】面板下方的【创建新图层】按钮 ，新建图层，更名为【鞋里】。切换至【鞋子轮廓】图层，用【魔棒】工具选择鞋里部分。然后选择工具箱【渐变】工具 设置黑白渐变，在选区中分别拖出渐变，得到效果（图12-3-32）。

图12-3-31　加深和减淡　　　　　　　　　　　图12-3-32　渐变填充

27. 点击【鞋里】图层下方的【添加图层样式】按钮 ，执行【图案叠加】命令，弹出对话框（图 12-3-33）设置【混合模式】为"正常"，【不透明度】为"20%"，【缩放】为"97%"，得到效果（图 12-3-34）。

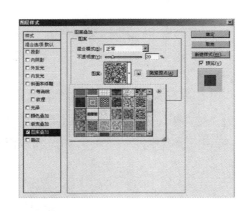

图12-3-33　【图案叠加】设置　　　　　　　　图12-3-34　应用图案叠加后的效果

28. 切换至【鞋襻】图层，应用【魔棒】选择白色部分，按住【Delete】键将其删除（图 12-3-35）。

29. 单色填充鞋带后，用【加深】工具 和【减淡】工具 进行修饰。然后点击【添加图层样式】按钮 ，执行【图案叠加】命令（图 12-3-36）得到效果（图 12-3-37）。

30. 完成鞋子其他部分的填充（图 12-3-38）。

31. 添加鞋口边缘的缝纫线。选择工具箱中的【铅笔】工具，画笔预设【大小】为"5px"，

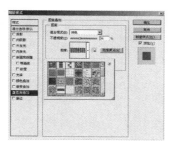

图12-3-35　删除选区　　　图12-3-36　【图案叠加】设置　　　图12-3-37　叠加后的效果

【间距】为"771%"（图 12-3-39）。切换至【路径】面板，打开【鞋子】路径，用【路径选择】工具选中缝纫线路径，点击下方的【描边路径】按钮 （图 12-3-40）。对于局部不满意的地方，还可以继续修改。

图12-3-38　颜色填充　　　图12-3-39　【虚线】设置　　　图12-3-40　应用虚线后的效果

32. 关闭【背景】图层前面的"眼睛"图标，执行菜单【图层 / 拼合可见图层】命令，然后复制该图层，生成【副本】图层。选中【副本】图层，执行菜单【编辑 / 变换 / 水平翻转】，然后执行【编辑 / 变换 / 斜切】命令（图 12-3-41）。

33. 调至合适后，打开【背景】图层的"眼睛"图标（图 12-3-42）。完成后存盘。

图12-3-41　斜切对象　　　　　　　　图12-3-42　完成后效果

本章小结

1. 路径的绘制、移动、修改与复制。

2. 新建组、图层与复制图层。

3. 图像的缩放、旋转、斜切、扭曲、透视与变形。

4. 渐变填充的编辑。

思考练习题

1. 如何利用【钢笔】工具绘制复杂的图像轮廓？

2. 如何制作不同肌理的服装面料图？

3. 如何操作应用【添加图层样式】？

4. 利用所学工具处理服饰配件帽子、鞋子和手袋各一幅。

第十三章　服装效果图处理

课题名称：服装效果图处理

课题内容：选择工具

钢笔工具绘制路径与修改、画笔工具、加深减淡工具

图层面板

对象的填充与变换

各种滤镜效果

课题时间：6课时

教学目的：通过案例的演示与操作步骤，让学生掌握服装效果图的
处理，并能根据自己的设计需要完成各种不同的效果。

教学方式：教师演示及课堂训练。

教学要求：1. 用Photoshop CS5 软件处理jpg款式图。

2. 用Photoshop CS5 软件绘制款式图并上色。

3. 用Photoshop CS5 软件处理印花材质的服装效果图。

课前准备：熟悉并掌握Photoshop CS5 各种工具的操作方法和
技巧。

第十三章　服装效果图处理

　　服装效果图是服装设计师根据设计构思，借助绘画手段直观表现的人体着装效果，包括服装整体美感、服装色彩及面料特征等因素，是服装设计的表达方式之一。服装效果图虽然是以绘画为手段，但决非绘画那样随心所欲，任意挥洒，它必须服从服装的造型特征和表现形式。Photoshop CS5 的【图像调整】、【滤镜效果】以及各种预设【画笔】等工具为服装 jpg 款式图的处理和服装效果图的处理带来极大的方便。

第一节　服装jpg款式图处理

一、实例效果（图13-1-1、图13-1-2）

图13-1-1　jpg 原稿

图13-1-2　处理后效果

二、处理步骤

　　1. 按住快捷键【Ctrl+O】，打开随书光盘中的款式图片 13.1.jpg（图 13-1-3）。
　　2. 双击背景图层，弹出对话框，单击【确定】按钮，将【背景图层】转换为【图层 0】（图 13-1-4）。

图13-1-3 打开 jpg 图

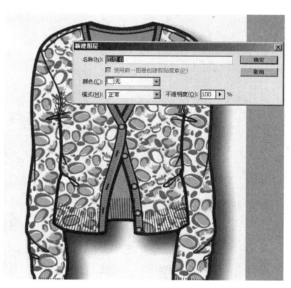

图13-1-4 将背景图层解锁

3.执行菜单【选择/色彩范围】命令，弹出对话框。应用【吸管】单击图片中服装的轮廓线颜色"黑色"。通过移动对话框中的【颜色容差】拉杆调节【颜色容差】，【选区预览中的白色杂边】可以在页面中查看选择范围，直至满意为止（图13-1-5）。

4.完成后，点击对话框中的【确定】按钮，页面中服装轮廓线被选中（闪动的虚线图13-1-6）。

5.按住快捷键【Ctrl+C】复制选区，然后按住快捷键【Ctrl+N】新建一个文件，在新文件中按住快捷键【Ctrl+V】粘贴复制选区（图13-1-7）。

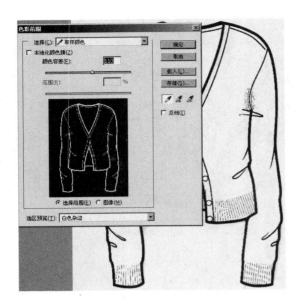

图13-1-5　【色彩范围】对话框

图13-1-6　所选颜色区域被选中

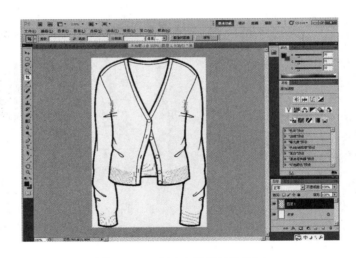

图13-1-7　新建文件后粘贴选区

　　6. 按住快捷键【Ctrl+O】打开随书光盘中的印花图片 13.5.jpg。选中所需图案的区域后按住快捷键【Ctrl+C】复制，然后切换至刚刚新建的文件中，按住快捷键【Ctrl+V】粘贴选区，自动生成【图层2】（图 13-1-8）。

　　7. 在【图层1】上鼠标右键单击，执行【图层属性】，弹出对话框，将名称由【图层1】更改为【服装轮廓图】。重复操作将【图层2】更改为【印花面料】（图 13-1-9）。

　　8. 在当前操作层【印花面料】图层中，按住【Alt】键，移动复制图层，生成【印花面料副本】层（图 13-1-10）。

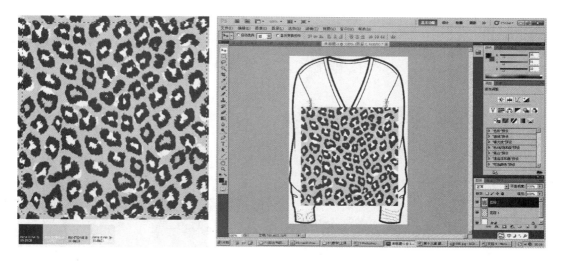

图13-1-8　粘贴印花面料图片

图13-1-9　修改图层名称

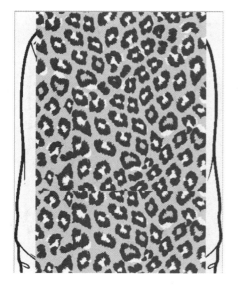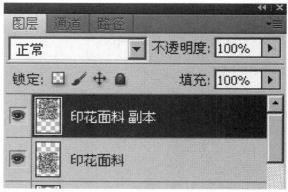

图13-1-10　复制图层

9. 按住【Shift】键，鼠标左键单击【印花面料】图层，将两个图层同时选中。执行菜单【图层/合并图层】命令,此时图层中【印花面料】图层消失,但图层中的对象并未消失,而是与【印花面料副本】中的对象合在一起（图 13-1-11）。

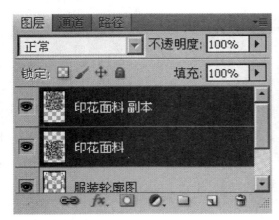

图13-1-11　合并图层

10. 在当前操作层【印花面料副本】图层中，按住快捷键【Ctrl+T】，对印花图案进行缩放，调整至合适大小后，双击鼠标左键应用（图 13-1-12）。

11. 关闭【印花面料副本】图层前面的"眼睛"图标 👁 ,使其呈现不可见的状态。单击【服装轮廓图】图层，然后选择工具箱中的【魔棒】工具 ，按住【Shift】键，选择目标填充印花区域（图 13-1-13）。

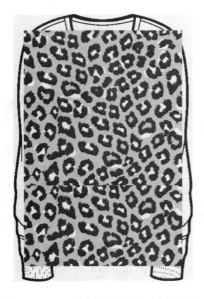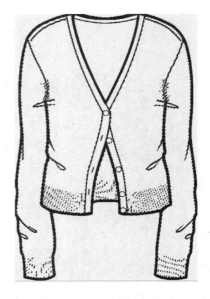

图13-1-12　对印花图案进行自由变换　　　图13-1-13　魔棒选择区域

12. 切换至【印花面料副本】图层中，打开前面"眼睛"图标 （图 13-1-14），印花面料显现，按住快捷键【Ctrl+Shift+I】反选选区，按住快捷键【Delete】键删除，得到效果（图 13-1-15）。

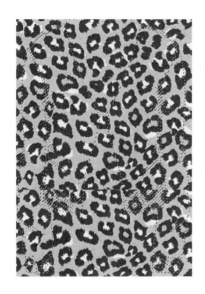

图13-1-14　选区转换到印花图层

图13-1-15　反选删除后的效果

13. 选择工具箱中的【吸管】工具 🖋，在页面中豹纹图案的【黄色】上单击，当前填充颜色变成【黄色】。切换至图层面板，选择【服装轮廓图】为当前操作图层，然后选择工具箱中的【魔棒】工具，按住【Shift】键，选中服装局部，按住快捷键【Alt+Delete】键，将前景色填充在所选区域中，得到效果（图 13-1-16）。

14. 重复上步操作，将豹纹图案中的底色填充在衣领及门襟上（图 13-1-17）。

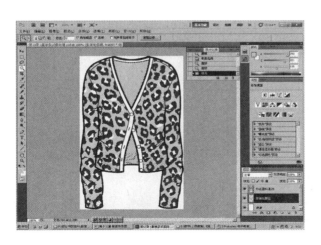

图13-1-16　将前景色填充在选区内

图13-1-17　最后效果

15. 完成后执行菜单【文件 / 存储】命令，可以将文件保存为 .psd 的源文件格式。执行菜单【文件 / 存储为】可以保存为其他格式的文件。

第二节　服装款式图的绘制与上色处理

一、实例效果（图13-2-1）

效果一　　　　　　　　　效果二　　　　　　　　　效果三

图13-2-1　实例效果

二、操作步骤

第一阶段：绘制款式图。

1. 按住快捷键【Ctrl+N】新建一个文件，取名为【款式图】（图 13-2-2）。

2. 执行菜单【视图 / 显示 / 网格】命令。然后选择工具箱中的【钢笔】工具 ，其属性栏中按下【路径】按钮 ![](，绘制衣身轮廓线。对于不满意的锚点，用【直接选择】工具 ![] 对其进行调整和修改（图 13-2-3）。

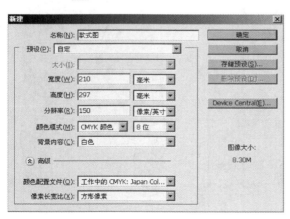

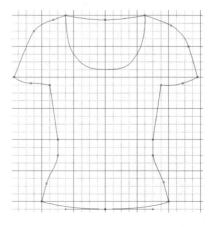

图13-2-2　新建文件　　　　　　　　　图13-2-3　绘制衣身轮廓线

3. 在【路径】面板中自动生成一个【工作路径】，双击工作路径蓝色区域，弹出【存储路径】对话框，更改路径名称后确定（图 13-2-4）。（路径存储是为了后面修改的需要。如果路径不储存，下一个路径会自动覆盖上一个路径）

图13-2-4　存储路径

4. 用【钢笔】工具 ✐（快捷键【P】）继续完成衣身轮廓线的绘制（图 13-2-5）。

5. 切换至【图层】面板，单击图层面板中的【新建】按钮 ▣，新建一个图层并改名为【衣身】（图 13-2-6）。

图13-2-5　绘制衣身轮廓线

图13-2-6　新建图层

6. 设置前景色为"黑色" ■，选择工具箱中的【铅笔】工具 ✐，设置笔尖【大小】为"2px"。然后切换至【路径】面板，单击下方的【用画笔描边路径】按钮 ◯，然后在非蓝色区域单击，取消路径选择状态，描边后的对象在【衣身】图层显现（图 13-2-7）。

7. 用【钢笔】工具 ✐（快捷键【P】）绘制袖子轮廓线，在【路径】面板中自动生成【工作路径】，双击工作路径蓝色区域，存储路径，更改路径名称为【袖子路径】（图 13-2-8）。

图13-2-7　描边路径

图13-2-8　绘制路径

8. 用工具箱中的【路径选择】工具 ![] 选中【袖子路径】，按住【Alt】键拖动，复制一个路径（图 13-2-9）。

9. 执行菜单【编辑 / 变换路径 / 水平翻转】命令，并用【路径选择】工具 ![] 移至合适的位置（图 13-2-10）。

图13-2-9　复制路径

图13-2-10　移动路径

10. 切换至【图层】面板，单击图层面板中的【新建】按钮 ![]，新建一个图层并改名为【袖子】。回到【路径】面板，用【路径选择】工具 ![] 选中左右袖子路径，并点击面板下方的【用画笔描边路径】按钮 ![] 。然后在非蓝色区域单击，去掉路径【袖子路径】的选择状态（图 13-2-11）。

第二阶段：绘制衣身迷彩面料。

11. 设置前景色【R】为"230"，【G】为"212"，【B】为"184"，背景色【R】为"112"，【G】"97"，【B】"12" ![] ，切换至【图层】面板，选择【衣身】图层，用【魔棒】工具 ![] ，选中衣身部分。然后点击【图层】面板中的【新建】按钮 ![] ，新建一个图层并改名为【迷彩】，按住快捷键【Alt+Delete】键，将前景色填充在【迷彩】图层（图 13-2-12）。

图13-2-11　描边路径

图13-2-12　填充衣身

12. 执行菜单【滤镜 / 杂色 / 添加杂色】命令，弹出对话框（图 13-2-13），设置数量为"60"，勾选【平均分布】、【单色】，完成后点击【确定】按钮（图 13-2-14）。

图13-2-13 【添加杂色】对话框

图13-2-14 杂色效果

13. 执行菜单【滤镜 / 像素化 / 晶格化】命令，弹出对话框（图 13-2-15），设置【单元格大小】为"45"，点击【确定】按钮完成（图 13-2-16）。

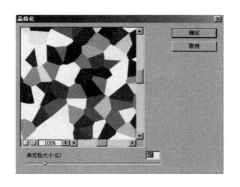

图13-2-15 【晶格化】对话框

图13-2-16 晶格化效果

14. 执行菜单【滤镜 / 杂色 / 中间值】命令，弹出对话框（图 13-2-17），设置【半径】为"13"像素，点击【确定】按钮完成（图 13-2-18）。

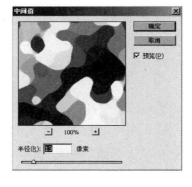

图13-2-17 【中间值】对话框

图13-2-18 中间值滤镜效果

15. 执行菜单【图像 / 调整 / 色彩平衡】命令,弹出对话框(图 13-2-19),设置相关参数,使颜色达到满意效果(图 13-2-20)。

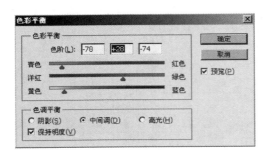

图13-2-19　【色彩平衡】对话框　　　　　　　　　图13-2-20　改变色彩后效果

16. 复制【迷彩】图层,生成【迷彩副本】图层(图 13-2-21)。

17. 选中【迷彩副本】图层,执行菜单【滤镜 / 渲染 / 纤维】命令,弹出对话框(图 13-2-22),设置【差异】为"4",【强度】为"2",点击【确定】完成。然后将【混合模式】设置成【正片叠底】,得到效果(图 13-2-23)。

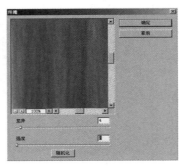

图13-2-21　复制图层　　　　图13-2-22　【纤维】对话框　　　图13-2-23　正片叠底效果

第三阶段：单色填充袖子及衣领口

18. 设置前景色为【R】为"181",【G】为"161",【B】"115" ，切换至【袖子】图层,用【魔棒】工具 ，选中袖子部分。按住【Alt+Delete】键,将前景色填充在【袖子】图层(图 13-2-24)。

19. 点击按钮 ，切换前景色和背景色 ，用【魔棒】工具 ，选中领口和下摆部分,按住快捷键【Alt+Delete】键,将前景色填充在选区(图 13-2-25)。

20. 若要变换颜色,可以回到【迷彩】图层,再次执行菜单【图像 / 调整 / 色彩平衡】命令,直到满意后存盘(图 13-2-26)。

图13-2-24　单色填充1

图13-2-25　单色填充2

图13-2-26　最后效果

第三节　印花材质服装效果图处理

一、实例效果（图13-3-1）

手稿图　　　　　效果图一　　　　　效果图二　　　　　效果图三

图13-3-1　实例效果

二、处理步骤

第一阶段：线稿图处理。

1. 按住快捷键【Ctrl+O】打开随书光盘中的素材图片 13.7.jpg（图 13-3-2）。（jpg 图片质量一定要好，像素要求高，轮廓越清晰，后面的处理就越容易）

图13-3-2　打开手稿图

2. 切换至【图层】面板，双击【背景】图层，弹出对话框，更名为【手稿图】，点击【确定】后解锁（图 13-3-3）。

3. 执行菜单【图像 / 自动对比度】命令（图 13-3-4）。

图13-3-3　图层解锁

图13-3-4　自动对比度

4. 选择工具箱中的【裁剪】工具 ，在图像中按住鼠标左键不松手并拖动，裁剪不要的部分（图 13-3-5）。

5. 执行菜单【图像/模式/灰度】命令，弹出对话框，点击【扔掉】按钮（图 13-3-6）。

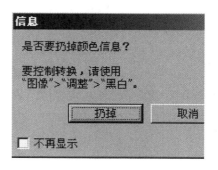

图13-3-5　裁剪图片　　　　　　　　　　　　　图13-3-6　灰度模式

6. 执行【图像/调整/亮度/对比度】命令，弹出对话框，设置参数，得到效果（图 13-3-7）。如果效果还不满意，可以再次执行【图像/调整/亮度/对比度】命令进行调整。

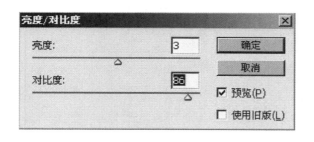

图13-3-7　【亮度/对比度】对话框

7. 执行菜单【选择/色彩范围】命令，弹出对话框（图 13-3-8），用【吸管】在页面中的白色背景上单击，设置参数【颜色容差】为"60"，勾选【反相】，点击【确定】按钮。人物轮廓基本被选中，包括局部背景（图 13-3-9）。

8. 按住快捷键【Ctrl+C】复制选区，按住快捷键【Ctrl+N】新建一个文件，在弹出的对话框中（图 13-3-10）设置名称为【印花材质服装效果图处理】，分辨率为"180"，点击【确定】按钮。在新文件中按住快捷键【Ctrl+V】粘贴选区对象，在图层面板中自动生成【图层 1】，右键单击将其更名为【线稿图】（图 13-3-11）。

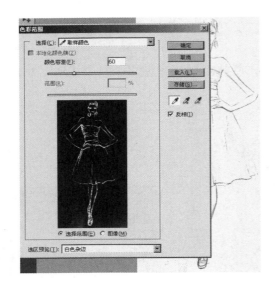

图13-3-8 【色彩范围】对话框　　　　　　图13-3-9 色彩选中

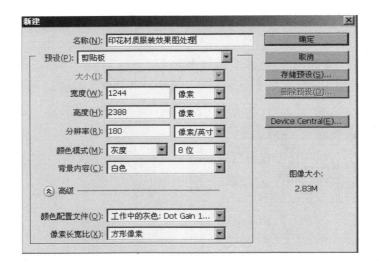

图13-3-10 新建文件　　　　　　图13-3-11 粘贴对象

9. 在新文件中，执行菜单【选择/色彩范围】命令，弹出对话框，用【吸管】在页面中的白色背景上单击，设置参数【颜色容差】为"60"，勾选【反相】，点击【确定】按钮。将前景色设置为"黑色"，按住快捷键【Alt+Delete】（点按 3 次，轮廓颜色将加深），将黑色填充在选区中的轮廓（图 13-3-12）。

10. 选择工具箱中的【橡皮擦】工具 ，擦除背景（图 13-3-13），在擦除过程中，按住键盘上的左方括号键【 [】和右方括号键【] 】，可以调整橡皮擦的大小。

<table>
<tr><td>图13-3-12　加深轮廓颜色</td><td>图13-3-13　擦除背景</td></tr>
</table>

11. 选择工具箱中的【钢笔】工具 ，在属性栏中按下【路径】按钮 ，然后执行菜单【窗口 / 路径】命令，打开【路径】面板，沿着线描稿绘制上肢轮廓线（图 13-3-14）。

12. 存储路径，点击【路径】面板右上角的【小三角】，执行【存储路径】，弹出对话框，设置名称为【肤色】，点击【确定】按钮（图 13-3-15）。

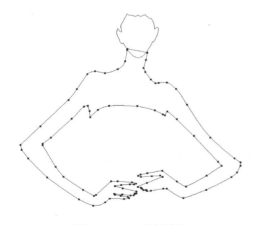

图13-3-14　绘制路径　　　　　　　　　　　图13-3-15　【存储路径】对话框

13. 重复步骤 12，绘制裙子及其他部位轮廓线并存储（图 13-3-16）。

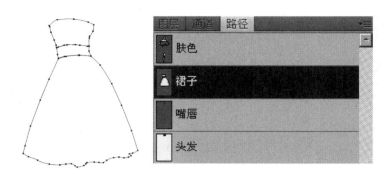

图13-3-16　绘制并保存路径

第二阶段：填充肤色。

14. 切换至【图层】面板，点击面板下方的【创建新组】按钮　，创建【组1】，鼠标右键单击【组1】，执行【组属性】，在弹出的对话框中将名称设置为【肤色组】(图13-3-17)。

图13-3-17　创建新组并修改名称

15. 点击【图层】面板中的【创建新图层】按钮 ，在【肤色组】下面新建图层，命名为【脸】(图13-3-18)。

16. 重复步骤15，在【肤色组】图层下方，再新建【胳膊】图层和【腿部】图层(图13-3-19)。

图13-3-18　创建新图层

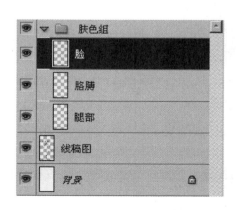

图13-3-19　创建新图层

17. 关闭【线稿图】图层前面的"眼睛"图标，选择【脸】为当前操作图层。切换至【路径】面板，单击【肤色】路径。选择工具箱中的【路径选择】工具 ▶（快捷键【A】），在页面中"脸部"位置单击，脸部路径被选中（图 13-3-20）。然后点击路径面板下方的【将路径作为选区载入】按钮 ◯ 。

18. 执行菜单【图像 / 模式 /CMYK 颜色】，弹出对话框，点击【不拼合】按钮（图 13-3-21）。

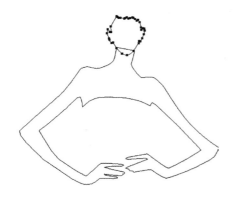

图13-3-20 选择路径

图13-3-21 更改颜色模式

19. 双击前景色按钮 ▧ ，弹出【拾色器】面板（图 13-3-22），设置肤色。按住快捷键【Alt+Delete】键，将前景色填充到脸部。打开【线稿图】图层前面的"眼睛"图标 👁（图13-3-23）。

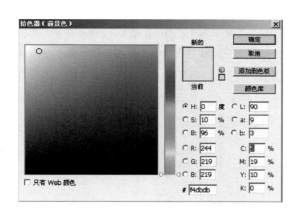

图13-3-22 【拾色器】面板

图13-3-23 填充脸部肤色

20. 在【线稿图】图层上面，按住鼠标左键不松手，向上移动至【肤色组】图层的上方（图 13-3-24）。

21. 涂脸部阴影。切换至【图层】面板，选择【脸】图层，双击【前景色】按钮，在弹出的【拾色器】面板中挑选一个较深的肤色（图 13-3-25）。

22. 打开工具箱中的【画笔】工具 🖌，设置各项参数（图 13-3-26）。在脸部边缘绘制

（绘制过程中按住键盘上的左方括号键【 [】和右方括号键【] 】,可以随时调整画笔的大小），
得到效果（图 13-3-27）。

图13-3-24　改变图层顺序

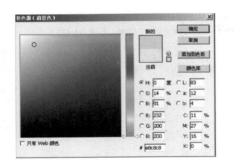

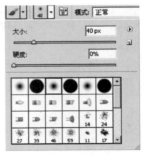

图13-3-25　【拾色器】面板　　　　图13-3-26　【画笔】面板　　　　图13-3-27　涂脸部阴影

23. 切换至【路径】面板,单击【肤色】路径。选择工具箱中的【路径选择】工具 　（快
捷键【A】），在页面中【胳膊】位置单击，胳膊路径被选中（图 13-3-28）。然后点击路径
面板下方的【将路径作为选区载入】按钮 　 。

24. 切换至图层面板，单击【胳膊】图层。选择工具箱中【吸管】工具 　，在页面
脸部肤色上点击，使前景色为 "肤色"。按住快捷键【Alt+Delete】键，将肤色填充在胳膊
选区中（图 13-3-29）。

25. 涂胳膊阴影。其操作方法与涂脸部阴影方法相同（图 13-3-30）。

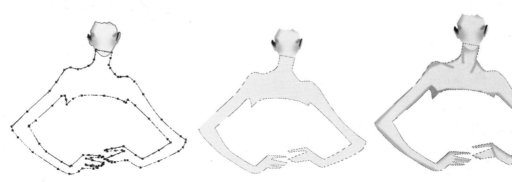

图13-3-28　选中路径　　　　　　图13-3-29　填充肤色　　　　　　图13-3-30　涂胳膊阴影

26. 切换至【路径】面板,单击【肤色】路径。选择工具箱中的【路径选择】工具 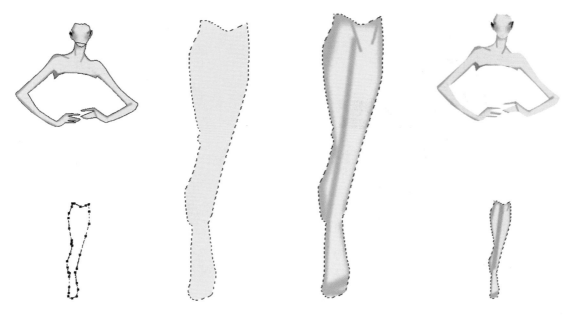（快捷键【A】),在页面中"腿部"位置单击,腿部路径被选中（图13-3-31）。然后点击【路径】面板下方的【将路径作为选区载入】按钮 ⬭ 。

27. 切换至【图层】面板,单击【腿部】图层。选择工具箱中【吸管】工具 ✎ ，在页面脸部肤色上点击，使前景色为"肤色"。按住【Alt+Delete】组合键,将肤色填充在腿部选区中（图13-3-32）。

28. 涂腿部阴影（图13-3-33）。其操作方法与涂脸部阴影方法相同。

29. 肤色填充完成（图13-3-34）。

图13-3-31　选中路径　　图13-3-32　填充肤色　　图13-3-33　涂腿部阴影　　图13-3-34　肤色填充完成

第三阶段：绘制印花面料。

30. 切换至【图层】面板,点击面板下方的【创建新组】按钮 ▭ ，创建【组1】,鼠标右键单击【组1】,执行【组属性】,在弹出的对话框中将名称设置为【印花设计】（图13-3-35）。

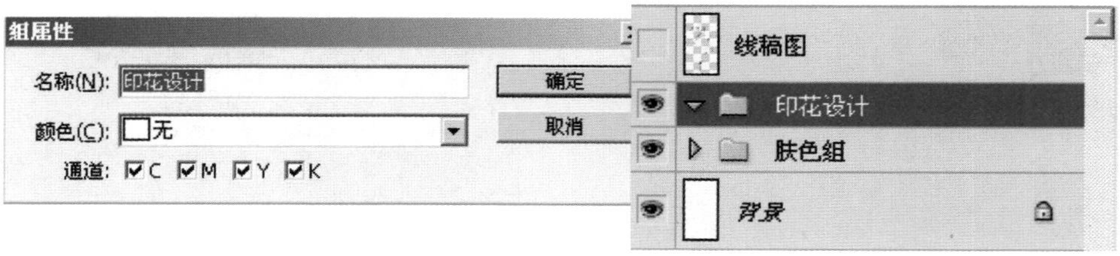

图13-3-35　创建新组并命名

31. 点击【图层】面板中的【创建新图层】按钮 ，在【印花设计】组下面新建【图层 1】、【图层 2】、【图层 3】（图 13-3-36）。

32. 切换至【路径】面板，选中【裙子】路径，然后选择工具箱中的【路径选择】工具 （快捷键【A】），配合【Shift】键，选择【裙子】上下两部分。然后点击【路径】面板下方的【将路径作为选区载入】按钮 （图 13-3-37）。

图13-3-36　新建图层

图13-3-37　选择路径

33. 切换至【图层】面板，单击【图层 1】，设置前景色【R】为"204"，【G】为"125"，【B】为"125" ，按住快捷键【Alt+Delete】键，将前景色填充在选区（图 13-3-38）。

34. 选择工具箱中的【加深】工具 ，设置属性参数，涂抹出裙子的暗部及褶皱效果，在涂抹的过程中，按住键盘上的左方括号键【[】和右方括号键【]】，可以随时调整笔刷的大小（图 13-3-39）。

图13-3-38　填充色彩

图13-3-39　加深和减淡

35. 切换至【图层】面板，单击【图层 2】，设置前景色【R】为"73"，【G】为"228"，【B】为"157" 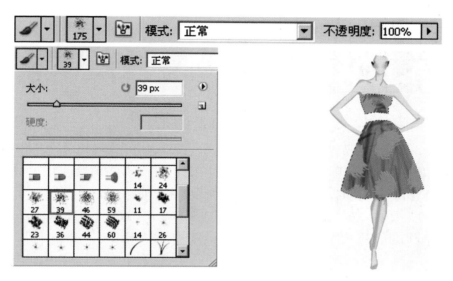，打开工具箱中的【画笔】工具 ，弹出对话框，设置属性参数（图 13-3-40），然后在页面中根据需求绘制，得到效果（图 13-3-41）。

图13-3-40 【画笔】设置
图13-3-41 增加画笔后效果

36. 单击【图层 3】，设置前景色【R】为"212"，【G】为"95"，【B】为"55" ，打开工具箱中的【画笔】工具 ，设置属性参数（图 13-3-42）。

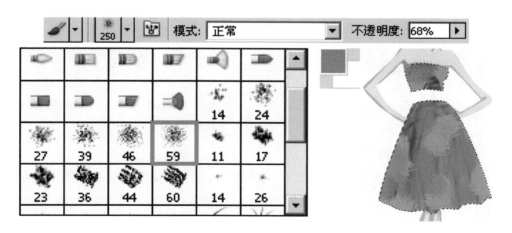

图13-3-42 【画笔】设置及效果

37. 点击【图层】面板下方的【创建新图层】按钮 ，在【印花设计】组下面新建【图层 4】、【图层 5】。单击【图层 4】，设置前景色【R】为"222"、【G】为"215"、【B】为"90" ，打开工具箱中的【画笔】工具，设置属性参数（图 13-3-43）。

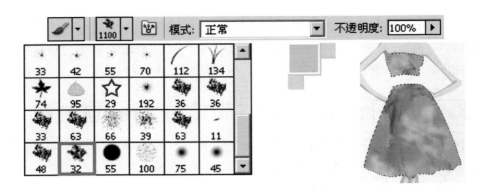

图13-3-43　【画笔】设置及效果

38. 单击【图层5】，打开工具箱中的【画笔】工具 ✐ ，设置前景色为"白色" ，打开【枫叶画笔】✦，在属性栏中设置不同的透明度（图13-3-44）。

39. 调整印花效果。选择工具箱中的【加深】工具 和【减淡】工具 ，对【图层2】至【图层5】分别进行颜色的加深和减淡，至达到目标效果（图13-3-45）。

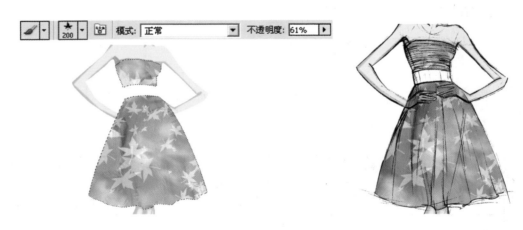

图13-3-44　透明度设置　　　　　　图13-3-45　加深减淡后效果

第四阶段：完善细节

40. 切换至【图层】面板，将【肤色】组移至【印花设计】组的上面（图13-3-46）。

41. 给腰带上色。单击【图层】面板下方的【创建新图层】按钮 ，新建图层，更名为【腰带】（图13-3-47）。

42. 切换至【路径】面板，单击【裙子】路径，然后选择工具箱中的【路径选择】工具 （快捷键【A】），选择【腰带】部分。然后点击【路径】面板下方的【将路径作为选区载入】按钮 （图13-3-48）。

43. 切换至【图层】面板，单击【腰带】图层，设置前景色为"黑色" ，按住【Alt+Delete】键，将前景色填充在腰带选区。然后选择工具箱中的【渐变填充】工具 ，在属性栏中选择一种渐变形式。双击渐变条,弹出对话框(图 13-3-49),设置完毕后点击【确定】按钮,回到页面中, 在选区内拖出渐变效果(图 13-3-50)。

图13-3-46　改变图层顺序

图13-3-47　创建新图层

图13-3-48　选中路径

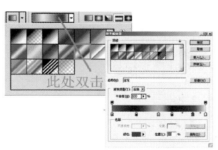

图13-3-49　渐变设置

图13-3-50　渐变效果

44. 唇部上色。切换至【图层】面板,单击面板下方的【创建新图层】按钮 ,新建图层,命名为【嘴唇】(图 13-3-51)。

45. 切换至【路径】面板,单击【嘴唇】路径,然后选择工具箱中的【路径选择】工具 (快捷键【A】),选择【嘴唇】部分。然后点击【路径】面板下方的【将路径作为选区载入】按钮 。

46. 切换至【图层】面板,单击【嘴唇】图层,设置前景色【R】为"117",【G】为"76",【B】为"76" ,按住快捷键【Alt+Delete】,将前景色填充在嘴唇选区。选择工具箱中的【加深】工具 和【减淡】工具 ,对【嘴唇】分别进行颜色的加深和减淡,得到目标效果(图 13-3-52)。

图13-3-51 创建新图层

图13-3-52 嘴唇加深减淡后效果

47. 给头发上色。切换至【图层】面板，点击面板下方的【创建新图层】按钮，新建图层，命名为【头发】。单击【头发】图层，设置前景色【R】为"55"、【G】为"52"、【B】为"52" 。选择工具箱中的【画笔】工具，设置属性参数（图13-3-53）。在头发选区绘制，得到效果（图13-3-54）。

48. 单击【线稿图】图层，选择工具箱中的【橡皮擦】工具 ，擦除肤色上的杂色（图13-3-55）。

图13-3-53 【画笔】设置

图13-3-54 头发上色

图13-3-55 完成后效果

49. 如果对服装图案配色不满意，可以回到【印花设计】图层，关闭其中某个颜色前面的"眼睛"图标 ，可以呈现不同的颜色搭配（图13-3-56）。

关闭【图层2】、【图层3】　　　关闭【图层3】、【图层4】　　　关闭【图层2】～【图层4】

图13-3-56　不同颜色的搭配

50. 对【印花设计】图层组里面的各个图层进行颜色的替换。选中【图层1】，执行菜单【调整 / 色相饱和度】命令，弹出对话框，对【色相】、【饱和度】、【明度】进行设置，可以得到不同的效果（图13-3-57）。完成后执行菜单【文件 / 存储】，将文件保存为 .psd 的源文件格式。

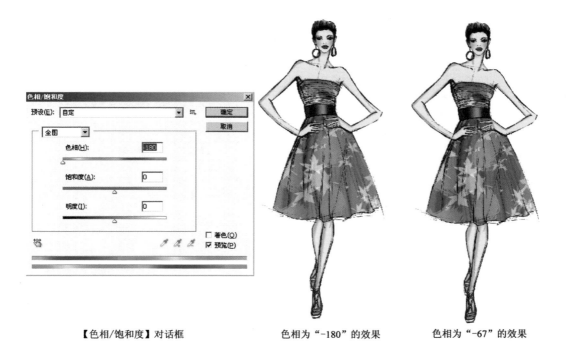

【色相/饱和度】对话框　　　　色相为"-180"的效果　　　　色相为"-67"的效果

图13-3-57　不同颜色的搭配

本章小结

1. 保存路径是为了方便后面操作，可以随时的调用并修改。

2. 【画笔】工具可以创造出不同的印花图案。

3. 各种滤镜的编辑可以达到丰富的视觉效果，尤其对于服装面料的处理非常管用。

4. "图层样式"可以丰富服装效果图。

思考练习题

1. 如何快速准确地处理手稿图片的背景色及其他颜色？

2. 如何复制、修改、移动路径？

3. 如何利用滤镜效果绘制不同质感的面料？

4. 利用所学工具处理服装手稿画效果图两幅。

应用理论与训练——

第十四章　CorelDRAW X5、Illustrator、Photoshop 综合应用实例

课题名称：CorelDRAW X5、Illustrator、Photoshop 综合应用实例

课题内容：Photoshop各种工具操作

　　　　　　CorelDRAW X5各种工具操作

　　　　　　Illustrator各种工具操作

课题时间：6课时

教学目的：通过案例的演示与操作步骤，让学生综合应用CorelDRAW X5、Illustrator、Photoshop三个软件处理各种服装效果图。

教学方式：教师演示及课堂训练。

教学要求：1. Photoshop 和CorelDRAW X5软件处理服装效果图。

　　　　　　2. Photoshop 和Illustrator软件处理仕女图。

课前准备：熟悉并掌握CorelDRAW X5、Illustrator、Photoshop各种工具的操作方法和技巧。

第十四章 CorelDRAW X5、Illustrator、Photoshop 综合应用实例

设计目的与生产需求的不同，服装电脑绘画所表现的内容也会随之变化。有时需要强调的是服装平面款式图，而完全不需要考虑服装的人体着装效果，如用于服装企业生产用的产品开发图；有时需要强调的是人体着装效果，而全然不考虑平面款式图，如用于商业行为的广告意念图；有时平面款式图和人体着装效果图都要强调，如用于各类服装设计大赛的参赛图。实践表明，CorelDRAW X5、Illustrator 非常适合服装平面款式图的绘制，而Photoshop 则对于处理服装效果图具有绝对的优势。因此，到底选择哪种软件工具来完成设计图的绘制，是要根据设计的内容来确定的。

第一节 Photoshop 和 CorelDRAW X5 软件处理服装效果图

一、实例效果（图14-1-1）

图14-1-1 实例效果图

二、操作步骤

第一阶段：将 jpg 格式图转换成矢量图

1.首先启动 Photoshop 软件。执行菜单【文件 / 打开】命令（快捷键【Ctrl+O】），打开随书光盘中的手稿图 14.1.jpg（图 14-1-2）。（jpg 图片质量一定要好，像素要求高，而且必须是简单的线描图）

2.执行菜单【图像 / 模式 / 灰度】命令，弹出对话框，点击【扔掉】按钮，颜色模式转换成【灰度】（图 14-1-3）。

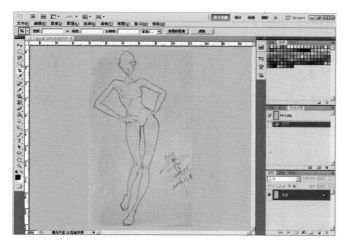

图14-1-2 实例效果图

图14-1-3 转换为灰度

3.执行菜单【图像 / 调整 / 阴影 / 高光】命令，弹出对话框（图 14-1-4），设置【阴影】数量为"40%"，【高光】数量为"0%"，点击"确定"按钮（图 14-1-5）。

4.选择工具箱中的【魔棒】工具，配合【Shift】键，选择所有的背景（图 14-1-6）。

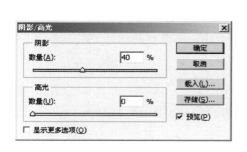

图14-1-4 【阴影/高光】对话框　　　图14-1-5 阴影高光效果　　　图14-1-6 选择背景

5. 执行菜单【选择 / 反向】命令（快捷键【Shift+Ctrl+I】），图像轮廓被选中（图 14-1-7）。

6. 切换至【路径】面板，并点击下方的【从选区生成工作路径】按钮 ○ ，将对象转换成路径（图 14-1-8）。

7. 执行菜单【文件 / 导出 / 路径到 Ilustrator】命令，弹出对话框，将路径存储为 .ai 格式，点击【确定】按钮（图 14-1-9）。

图14-1-7　反选

图14-1-8　生成工作路径

图14-1-9　导出文件

第二阶段：启动 CorelDraw X5 软件

8. 执行菜单【文件 / 新建】命令，新建一个文件。

9. 执行菜单【文件 / 导入】命令，弹出【导入】面板，选择刚才保存的 .ai 文件，在页面上按住鼠标左键不松手进行拖动，将其导入进来，此时页面中只能看见 8 个黑色小方块（图 14-1-10）。

10. 按住快捷键【F12】，调出【轮廓笔】对话框（图 14-1-11），并点取【发丝轮廓】。单击【确定】按钮，矢量图出现（图 14-1-12）。

11. 选中对象，鼠标单击右键执行【取消群组】命令，删除不需要的部分（图 14-1-13）。

12. 选中对象，并填充为"黑色"（图 14-1-14）。

第三阶段：绘制服装并上色

13. 选择工具箱【钢笔】工具 ✎ ，绘制衣裙衣身部分轮廓（图 14-1-15）。

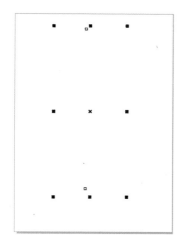

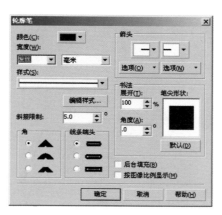

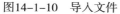

图14-1-10　导入文件　　　　　图14-1-11　【轮廓笔】对话框　　　　图14-1-12　文件出现

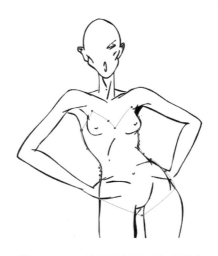

图14-1-13　取消群组　　　　　图14-1-14　填充颜色　　　　图14-1-15　绘制衣裙衣身部分轮廓

14. 选择工具箱【形状】工具 调整衣裙的裙身轮廓线，完成后填充为"白色"（图 14-1-16 ）。

15. 按住键盘上的【+】键，复制裙身，鼠标右键单击执行【顺序 / 置于此对象的后面】命令，将新裙身放置在原裙身的后面。然后应用【形状】工具 调整新裙身下摆处的波浪褶（图 14-1-17 ）。

16. 按照上述同样的方法，再次复制一片裙身，增加衣纹褶皱，至达到目标效果（图 14-1-18 ）。

17. 给衣裙填充颜色（图 14-1-19 ）。

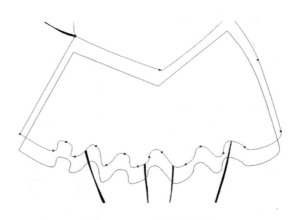

图14-1-16 填充单色　　　　　　　　　　图14-1-17 复制并移动

图14-1-18 增加细节　　　　　　　　　　图14-1-19 服装填充颜色

18. 复制衣裙将衣身部分移开，然后选择【钢笔】工具绘制一条分割线。选中这两个对象，点击属性栏中的【修剪】按钮 ⬚，鼠标右键单击执行【打散曲线】命令，线条将对象分割，移开（图 14-1-20）。

19. 选中对象，执行工具箱中的【交互式透明】工具 ⟟，对衣裙的裙身阴影部分进行透明，然后移至适当的位置（图 14-1-21）。

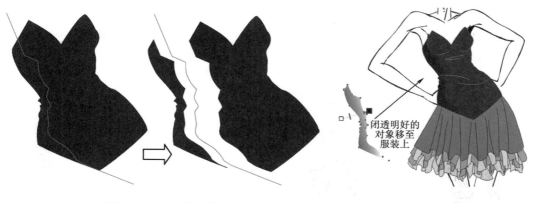

图14-1-20　修剪对象　　　　　　　　　　　图14-1-21　应用透明

20. 按照上述的方法，应用【复制】、【橡皮擦】及【交互式透明】工具的反复使用可以多处增加衣裙的阴影，得到目标效果（图 14-1-22）。

第四阶段：完善细节

21. 填充肤色及肤色阴影（图 14-1-23）。（不能填充的部分，先用【钢笔】工具绘制一个封闭的区域再填充，并去掉轮廓色）

图14-1-22　透明工具的应用

图14-1-23　完善细节

22. 用【贝塞尔】工具、【拉链变形】工具、【交互式调和】工具绘制网眼袜和靴子，制作方法参见第四章中的第三节内容（图 14-1-24）。

23. 绘制靴子的图案及调整靴子的质感（图 14-1-25）。

24. 选择工具箱【钢笔】工具 ，绘制帽子轮廓（图 14-1-26）。

25. 对帽子进行【渐变】、【图样填充】，得到目标效果（图 14-1-27）。完成后存盘。

图14-1-24　颜色填充　　　图14-1-25　添加细节　　　图14-1-26　绘制帽子　　　图14-1-27　完成效果

第二节　Photoshop 和 Illustrator 软件处理仕女图

一、实例效果（图14-2-1）

原稿

最后效果

图14-2-1　实例效果

二、操作步骤

1. 先启动 Photoshop 软件，执行菜单【文件 / 打开】命令（快捷键【Ctrl+O】）打开随书光盘中的手稿图 14.2.jpg（图 14-2-2）。

2. 选择工具箱【裁剪】工具 ，裁剪对象（图 14-2-3）。

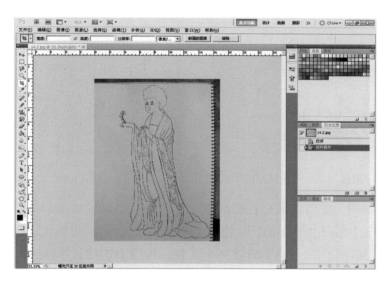

图14-2-2　打开文件

图14-2-3　裁剪图片

3. 执行菜单【图像 / 模式 / 灰度】命令，然后执行【图像 / 调整 / 阴影 / 高光】命令（图 14-2-4）。

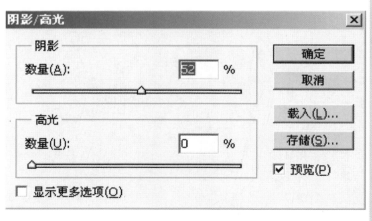

图14-2-4　【阴影/高光】设置

4. 设置前景色为"黑色"。执行菜单【选择 / 色彩范围】命令，应用【吸管】在图像中点选背景，选中背景后执行菜单【选择 / 反向】命令，人物被选中（图 14-2-5）。

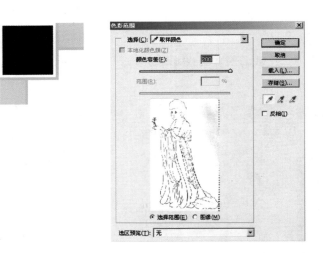

图14-2-5 【色彩范围】选择

5. 按三次快捷键【Alt+Delete】，将黑色填充在轮廓选区（注意，如果轮廓线很细颜色很淡的时候，可以多次按住快捷键【Alt+Delete】，使线条变粗变黑），然后按下快捷键【Ctrl+C】复制选区，接着按下快捷键【Ctrl+N】新建一个文件，再按下快捷键【Ctrl+V】粘贴选区（图 14-2-6）。

6. 选择工具箱中的【橡皮擦】工具 ，擦除背景。并用"黑色"【铅笔】工具补修轮廓上局部断开的地方（图 14-2-7）。

7. 执行菜单【选择 / 色彩范围】命令，在弹出的对话框中用吸管点选图像中的白色背景，点击【确定】按钮后，执行菜单【选择 / 反向】命令，然后按住快捷键【Ctrl+C】键进行选区复制（图 14-2-8）。

图14-2-6 填充轮廓　　　图14-2-7 擦除背景　　　图14-2-8 色彩范围选择

8. 启动 Illustrator 软件，按住快捷键【Ctrl+N】，新建一个文件（图 14-2-9）。

9. 按住快捷键【Ctrl+V】粘贴对象（图 14-2-10）。

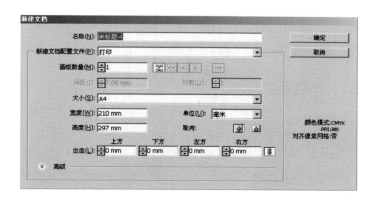

图14-2-9　新建文件　　　　　　　　　图14-2-10　粘贴对象

10. 执行菜单【对象 / 实时描摹 / 建立并转换为实时上色】命令（图 14-2-11）。

11. 在对象上单击鼠标右键，执行【取消编组】命令，再次单击鼠标右键，执行【隔离选定的组】命令（图 14-2-12）。

图14-2-11　转换为实时上色　　　　　　图14-2-12　取消编组

12. 选择工具箱中的【选择】工具 ，选中背景，按住【Delete】键删除。然后全选对象，按下快捷键【Ctrl+C】复制对象（图 14-2-13）。

13. 切换回至 Photoshop 软件，回到原文件中，按住快捷键【Ctrl+V】粘贴对象，弹出对话框，勾选【智能对象】，点击【确定】按钮，此时页面中出现对象（图 14-2-14）。

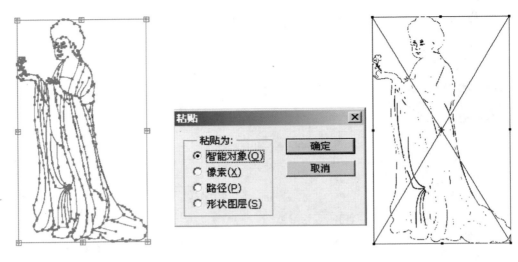

图14-2-13　删除背景　　　　　　　　图14-2-14　粘贴智能对象

14. 在页面中双击，对象被置入，在【图层】面板自动生成【矢量智能对象】图层，将其更名为【线稿1】，并单击鼠标右键【线稿1】图层，执行【栅格化图层】命令（图14-2-15）。

15. 设置前景色为"黑色"，选择【铅笔】工具 ✐，笔的【大小】为"1px"，将对象轮廓断开的地方连接，此步骤操作目的是方便后面用【魔棒】工具进行区域性的选择。

图14-2-15　修改图层名称并栅格化

16. 切换至 Illustrator，回到文件中。选中对象后鼠标右键单击，执行【隔离选定的组】（图14-2-16）。

17. 用【选择】工具（快捷键【V】），选中头发部分。打开色板菜单，执行【打开色板库/肤色】命令，弹出【肤色】颜色板，在颜色上单击，选区即被填充（图14-2-17）。

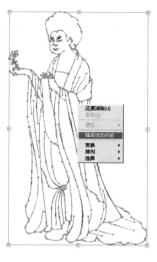

图14-2-16　隔离组

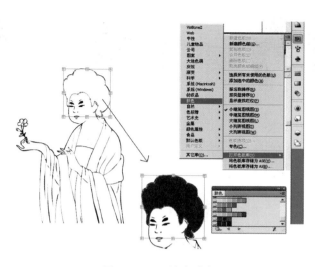

图14-2-17　填充肤色

18. 按住快捷键【Ctrl+O】打开随书光盘素材中的 14.3.eps 文件，鼠标右键单击执行【释放剪切蒙版】命令。然后应用【选择】工具 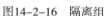，选中背景对象并替换颜色。全选对象，鼠标右键单击执行【建立剪切蒙版】命令（图 14-2-18）。

19. 按住快捷键【Ctrl+C】复制对象，然后将其粘贴在仕女图文件中。打开【色板】面板，将【印花】文件拖至【色板中】（图 14-2-19）。

图14-2-18　释放剪切蒙版并替换颜色

图14-2-19　建立新色板

20. 用【选择】工具 选中对象后，单击鼠标右键执行【隔离选定的组】，然后选中肩部，点击【色板】中的印花图标，即被填充（图 14-2-20）。

21. 按照同样的方法，填充另外的肩部和裙子下摆区域。如果对图案位置不满意，可以执行菜单【对象 / 变换 / 移动】命令进行修改（图 14-2-21）。

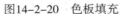

图14-2-20　色板填充　　　　　　　　　　图14-2-21　应用变换

22. 用【选择】工具  选择披肩轮廓，打开色板菜单，执行【打开色板库/图案/基本图形/纹理】命令，弹出【纹理】面板，在任意纹理上点击，选区即被填充（图14-2-22）。

23. 切换至【符号】面板，打开符号菜单，执行【打开符号库/花朵】命令，弹出【花朵】面板，选中【红玫瑰】将其拖放至页面中，双击工具箱【旋转】工具，弹出【旋转】对话框，设置【角度】为"50"，点击【确定】按钮（图14-2-23）。

图14-2-22　添加纹理　　　　　　　　　　图14-2-23　应用符号

24. 用【选择】工具 全选对象，按住快捷键【Ctrl+C】拷贝对象。切换回至 Photoshop 原文件，按住快捷键【Ctrl+V】粘贴对象，弹出对话框，勾选【智能对象】，点击【确定】按钮，此时页面中出现对象。在页面中双击，对象被置入，在【图层】面板自动生成【矢量智能对象】图层，将其更名为【线稿2】。并鼠标右键单击【线稿2】图层，执行【栅格化图层】

命令（图 14-2-24）。

25. 切换至【图层】面板，关闭【线稿 2】前面的"眼睛"图标 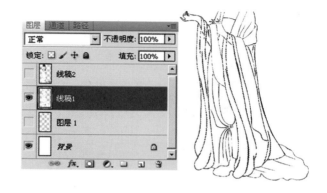，选择【线稿 1】图层并打开【眼睛图标】。选择【魔棒】工具 ，配合【Shift】键选择裙子部分轮廓（图 14-2-25）。

图14-2-24 粘贴对象并栅格化图层

图14-2-25 选择对象

26. 然后点击图层面板下方的"新建"按钮 ，新建一个图层并改名为【裙子色】，设置前景色【R】为"224"、【G】为"164"、【B】为"151" ，按下快捷键【Alt+Delete】将前景色填充在【裙子色】图层的选区，设置【透明度】为"50%"。选择工具箱中的【加深】工具 【减淡】工具 ，涂抹出裙子的暗部及褶皱效果（图 14-2-26）。

27. 在【裙子色】图层，点击面板下方【添加图层样式】按钮，执行【图案叠加】命令，弹出对话框。在对话框中设置图案的【混合模式】为"正片叠底"、【透明度】为"19%"、【图案】类型为"艺术表面"、【缩放】为"31%"，完成后点击【确定】按钮（图 14-2-27）。

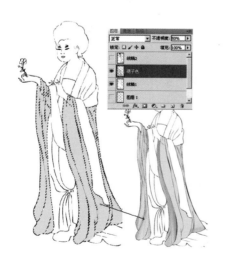

图14-2-26 加深减淡目标对象

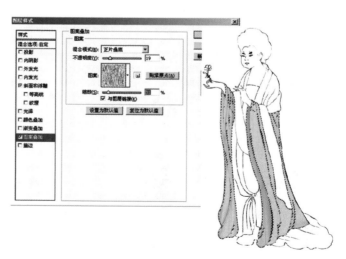

图14-2-27 添加图层样式

28. 在 Photoshop 中按住快捷键【Ctrl+O】打开随书光盘中的 14.4.jpg。先按快捷键【Ctrl+A】,再按快捷键【Ctrl+C】,切换至【仕女图】文件中,按住快捷键【Ctrl+V】将其粘贴。生成新图层,更名为【印花】,然后按住快捷键【Ctrl+T】对印花图片缩放至合适大小,双击鼠标应用(图 14-2-28)。

29. 关闭【印花】图层前面的"眼睛"图标 ,切换至【线稿 1】图层,用【魔棒】工具 ,配合【Shift】键在【线稿 1】图层中选择裙子轮廓(图 14-2-29)。

图14-2-28　自由变换　　　　　　　　　　图14-2-29　选择对象

30. 切换至【印花】图层,按住快捷键【Shift+Ctrl+I】,然后按住【Delete】键,删除选区(图 14-2-30)。

31. 切换至【线稿 1】图层,用【魔棒】工具 ,配合【Shift】键在【线稿 2】图层中选择披肩轮廓,然后点击【图层】面板中的【新建】按钮 ,新建一个图层并改名为【披肩】。设置前景色【R】为"209"、【G】为"202"、【B】为"202" ,然后选择【画笔】工具 ,在【披肩】图层绘制几条阴影线。打开【线稿 2】前面的"眼睛"图标 (图 14-2-31)。

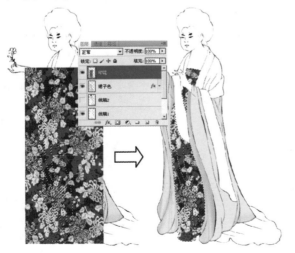

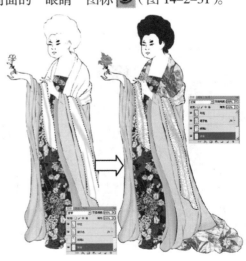

图14-2-30　填充对象　　　　　　　　　　图14-2-31　处理细节

32. 设置前景色【R】为"250"、【G】为"235"、【B】为"217" ，用【魔棒】工具 ，配合【Shift】键在【线稿2】图层中选择肤色部分，然后点击【图层】面板中的【新建】按钮 ，新建一个图层并改名为【肤色】，按下快捷键【Alt+Delete】将前景色填充在【肤色】图层的选区。然后用【画笔】工具 绘制阴影部分（图 14-2-32）。

图14-2-32　填充肤色

33. 完善细节，并添加背景图片。完成后存盘（图 14-2-33）。

图14-2-33　完成效果

本章小结

1. 将jpg格式图转换成矢量图，jpg图片质量一定要好，像素要求高，而且必须是简单的线描图。

2. CorelDRAW X5中【修剪】命令，适合绘制服装的暗部及阴影轮廓。

3. Illustrator中的色板库、符号库提供了很多可以直接应用的图案。

思考练习题

1. 如何将jpg格式图转换成矢量图？

2. 如何编辑并修改Illustrator中色板库和符号库中的图片。

3. 综合利用所学工具处理任何服装款式效果图3幅。

参考文献

［1］王宏付 .CorelDRAW X5 辅助服装设计［M］.上海：东华大学出版社，2005.

［2］王宏付 .Photoshop 辅助服装设计［M］.上海：东华大学出版社，2005.

［3］张予, 靳李丽, 张爽 .Illustrator CS3 时尚服装与配饰设计［M］.北京：人民邮电出版社，2009.

［4］黄利筠, 黄莹 .Illustrator 时装款式设计［M］.北京：中国纺织出版社，2009.

［5］张皋鹏 .Illustrator CS4 多媒体教学经典教程——服装设计表现［M］.北京：清华大学出版社，2010.

［6］陈建辉 .服饰图案设计与应用［M］.北京：中国纺织出版社，2006.

附录　作品欣赏

CorelDRAW X5 平面款式图欣赏

CorelDRAW X5 服饰图案欣赏

CorelDRAW X5 面料欣赏

CorelDRAW X5 服装画欣赏

CorelDRAW X5 服装画欣赏

Illustrator 作品欣赏

Illustrator 作品欣赏

Photoshop 作品欣赏

Photoshop 作品欣赏

综合应用作品欣赏